与最聪明的人共同进化

CHEERS

HERE COMES EVERYBODY

CHEERS
湛庐

养出
不焦虑的
女孩

[美] 赛西·高夫 著
Sissy Goff

李悦菲 译

Raising
Worry-Free Girls

浙江教育出版社·杭州

你知道如何应对女孩的成长焦虑吗?

扫码加入书架
领取阅读激励

- 以下哪种情况最有可能让女孩产生焦虑的情绪?(单选题)
  A. 临近考试
  B. 暴雨天闪电频频,雷声震耳欲聋
  C. 父母希望女孩考入名校
  D. 突然生病不能参加学校秋游

扫码获取全部测试题及答案,
时刻关注孩子的情绪状态

- 在与"忧虑怪兽"作战时,女孩们最重要的是:(单选题)
  A. 寻求别人的帮助
  B. 认识自己的错误
  C. 释放自己的情绪
  D. 发出自己的声音

- 为了帮助女孩缓解焦虑,家长最好可以:(单选题)
  A. 关注她的忧虑,并帮她解除忧虑困扰
  B. 督促她制定日程,保证事务有序进行
  C. 帮助她认识事物的多面性
  D. 当她焦虑的时候,迅速帮助她转移注意力

扫描左侧二维码查看本书更多测试题

RAISING
WORRY-FREE
GIRLS

推荐序一

撑起一把伞，守护女孩的心灵空间

李煜玮

二级心理咨询师、有弥联合心理讲师、精神分析科普作者

全球目前已有80多亿人口，如果要为数量如此庞大的人类寻找一种情绪，作为所有人生命初始时的共同体验，我想，这个情绪或许会是"焦虑"。

客体关系学派的创始人梅兰妮·克莱因（Melanie Klein）女士在1946年前后提出了"迫害性焦虑"的概念，她指出每个婴儿在降生之后，都会因出生时受到的痛苦以及失去子宫的保护而体验到强烈的焦虑，这种焦虑指向了"恐惧被湮灭，害怕自己不复存在"。

无独有偶，1977 年存在主义心理学之父罗洛·梅（Rollo May）也在自己的著作《焦虑的意义》中提到了"焦虑是人类的基本处境"。似乎从生到死，我们都不得不与焦虑作伴，如何面对焦虑也成了每个人的必修课题。

透过我自己的经验来看，对抗焦虑这个课题同样贯穿了我的职业生涯。当我接受了临床工作的训练，并与来访者日复一日地坐在咨询室里时，我首先需要学习的就是如何与自己和来访者的焦虑相处，并帮助彼此将焦虑调整到相对合适的水平。只有完成了上述工作，我和来访者才有空间去启动更多的探索，因为过高的焦虑会损害心智功能。

然而，就如同本书作者一样，我在工作的过程中逐渐发现，来访者的焦虑状况因性别不同有着显著的差异。寻求心理咨询帮助的来访者中，超过 80% 是女性。一方面，这可以理解为，女性对情绪有着更为敏锐的洞察和体验，另一方面，这或许也是源于不同性别受到的社会压力存在明显偏差。

一位在亲密关系中曾遇到很大困扰的年轻女性对我说，她并不觉得自己是个可爱的女性，因为从小家人就说她是个脾气暴躁、易冲动的小孩。当她在家和自己的堂兄争吵时，堂兄的攻击性被看作是"有个性，有脾气"的表现，而她的愤怒则被看作问题，一种与传统女性特质及社会规范格格不入的问题。

直到她遇见了自己的咨询师，咨询师的温和让她无须再用"大声呼喊"来寻求听见和理解。于是有一天，她突然醒悟，并非她生来不可爱，而是她从来没有被允许成为一个可爱的女孩，当她试图表达自己渴望被理解的诉求、当她受困于焦虑而无法自助时，她得到的却是更为严厉的评判和规训。

这并不是个例。女孩的类似困境在赛西·高夫的这本书里也得到了生动的呈现。她以细腻的笔触，描述了前往她的工作室的女孩们在面对焦虑时可能会有的不同反应："她们或者在愤怒中爆发，或者情绪崩溃，感到羞愧并流泪不止，或者选择沉默、压抑和退缩。"

然而遗憾的是，在许多人的眼中，爆发的女孩也许是情绪管理的失败者，而崩溃并流泪的女孩太过脆弱和感性。退缩的女孩或许看起来有点胆小，但那不是太大的问题，至少她们很乖，符合对女孩的一贯想象。

正是这些浮于表面、僵化却具有大众基础的理解，可能会将女孩们关进"焦虑的牢笼"，并在她们成年后制造更大的问题。

正是出于对女孩困境的系统理解，赛西·高夫博士在书中用了相当长的篇幅分析了父母养育方式对女孩们的影响，以及焦虑是如何通过父母意识不到的种种方式实现了"家族代际传承"。

如何识别孩子真实的情感状态、洞察女孩面对的独有困境，对很多家长来说都是艰巨的挑战。庆幸的是，高夫博士用她的文字和工作经验揭开了蒙在上面的面纱。她用亲和又精确的文字，层层推进，娓娓道来，帮助读者去理解关于焦虑的几个基本问题：

- 焦虑和恐惧的本质区别是什么？
- 为什么面对逐年上涨的焦虑症发病率，只服药而不做心理治疗是错误的选择？
- 对于女孩来说，她们所面对的焦虑困境具体都有哪些？

对焦虑现状的理解是至关重要的，这将帮助我们细致地甄别女孩需要的帮助。同时，对抗焦虑的迫切需求反映出的不只是西方世界的问题，而是全球化的危机。纽约大学斯特恩商学院的社会心理学家乔纳森·海特（Jonathan Haidt）博士曾指出，Z世代的人，也就是出生于1996年之后的这一代人，他们从初中时就开始使用社交媒体，而带来的负面效应是导致青少年自杀、自残率极速上升，女孩受到的影响更为强烈。有数据显示，青春期前的女孩的自杀率较21世纪初增长了151%，自残率增长了189%；而进入青春期的女孩，自杀率也增长了70%。这些可怕的数字告诉我们，在新技术的冲击下，女孩们所遭遇的挑战和困境，正在被前所未有地放大。高夫博士借助饱含同情的故事案例，写下了对此类现象的理解和观察。我相信这些理解对中国的父母也将助益良多，因为许多父母和家庭，正受困于不知如何帮助自己的孩子超越脆弱的困境。焦虑和心理脆弱对孩子所造成的影响正成为困扰新一代中国父母的社会问题。

书中写道："在过去任何时代的文化中，女孩都没有像现在一样有如此多的机会，却很少得到指引。"而最初为女孩提供指引的人必然是她们的养育者。在一个剧烈变动同时高度焦虑和内卷的社会里，当技术渗透并改变着人与人的关系，父母和孩子同时面对巨大挑战，她们更需要一把伞，撑起一片心智的空间，去重新理解自己，理解彼此，守护自己珍视的关系。

相信高夫博士的这本书，能为很多真正关爱女孩的父母与教育工作者提供科学的理解、情感的慰藉以及方法的指引。虽然书中提到的"九型人格"分型法在今天的心理咨询中已经被更科学和先进的方法取代，但这并不能抵消高夫博士数十年临床工作与洞见的价值。愿有耐心的读者，可以通过阅读这本精彩的书，启动自己和孩子的共同成长。

RAISING
WORRY-FREE
GIRLS

推荐序二

找到内心的勇气，做勇敢的女孩

卡洛斯·惠特克（Carlos Whittaker）
《杀死那只蜘蛛》（*Kill the Spider*）作者

我从小就是一个容易忧虑的孩子：担心父母突然去世，担心我的狗遭遇车祸，也担心自己太过于忧虑。好在我硬挺了过来。后来，当我长大成人，有幸遇到了一位优秀的心理咨询师，他帮助我克服了焦虑。而现在，我周游世界、著书立作、发表演讲，也希望能够帮助他人克服焦虑。

然而，几年前的一天，当我走进女儿的房间，发现她因为担心我去世而哭泣时，你可以想象我有多么恐惧：我很健康，没有生病，但女儿却和我小时候一样。在随后的几个月里，女儿的忧虑与日俱增，我开始意识到我和她都需要专业人士的帮助。于是，我找到了赛西·高夫。

在赛西对我女儿进行了两次心理诊疗之后，我女儿完全变了一个人。她到底发生了什么事情呢？

女儿对我说的原话是："我发现，我拥有的勇气比我面对的恐惧要大。虽然我有时会感到害怕，但更多的时候，我还是很勇敢的。"

的确如此。在认清了这一事实之后，她将焦虑忘在了脑后，并开始踏上疗愈之路。到现在为止，5年过去了，曾经焦虑的女儿变得十分坚强且勇敢，这令我感到惊叹。

这是一本有诸多宝藏的好书，书中介绍了很多有用的方法，可以帮助对抗焦虑。这些方法不只适用于你的孩子，也能为你所用。读完本书，你会重新看到希望，并体会到消失已久的舒畅心情。

另外，你要相信，你的孩子终将摆脱忧虑，并战胜焦虑。

RAISING
WORRY-FREE
GIRLS

前　言

人生就是一次对抗焦虑的远航

　　既然你翻开了这本书，说明你可能正在为你的孩子担心。比如可能是你正上三年级的女儿，她时常感到忧虑，会不停地问假设性问题。也可能是你听朋友谈论过焦虑症，你上初中的孩子的表现好像很符合他们的描述。你可能读到过诸如"产生重复循环的想法往往是焦虑症的一大特征"这类信息，而你正好留意到自己的女儿常常陷入某些想法难以自拔。又可能是你的孩子很难适应变化，或非常易怒，程度超出了青少年常有的执拗。还可能是，你只是衷心地希望你的女儿可以发现上天赋予她的勇气与力量。

　　无论出于哪种原因，我都很高兴你能阅读这本书。

我感到高兴出于以下两个原因。

首先，显然我们的世界充满焦虑。引发焦虑的忧虑情绪渗入了一代又一代人的生活，对孩子们产生了深远的影响。当今在美国，焦虑症已经成为一种儿童"流行病"。我为儿童和青少年提供心理咨询的时间已经超过25年，从来没有看到其他任何一种心理现象，像近几年困扰孩子的忧虑与焦虑一样，波及范围如此之广。在我开展心理咨询的初期，大约每20个孩子中有1个是因为焦虑问题来找我的，而现在，每20个孩子中至少有16个正在被焦虑困扰。这的确可谓一场"流行病"了。

其次，正是由于焦虑在儿童中十分流行，它在孩子的父母之间也传播开来。焦虑的产生有一定的遗传因素，本书中相关章节会对此展开探讨。本书还会介绍焦虑的等级。虽然每个人都会有某种程度的焦虑，但是我每天面对的孩子的父母之所以充满焦虑，是因为他们的孩子正遭受焦虑的折磨。

你可能会对我描述的以上这些现象有所感触，或者感到失落，不知道如何帮助你的孩子，你感觉好像自己做得越多，孩子的状况反而越糟。

我确信，本书中提出的建议和见解可以给你带来改变。你将了解到一些策略和技巧，帮助你的孩子摆脱忧虑困扰、击败焦虑，让她发出自己的声音，不再被焦虑所困。不过，需要提醒的是，优质的心理咨询可能会让你在咨询过程中感到不太舒服，而本书很可能也会让你感到不适。虽然本书主要关注的是女孩，但也会探讨父母自身的问题。

如果你带孩子来找我咨询，我会和你们两个人分别共处一段时间，我希望你也能了解和掌握在你的孩子看来有用的技能。这样，当她产生焦虑时，

前 言
人生就是一次对抗焦虑的远航

你可以提醒和敦促她。此外，我还会和你聊一聊你本人的情况，比如你的家庭是否有焦虑症病史，你自己是不是也有焦虑问题。研究表明，父母的焦虑是预示孩子可能患有焦虑症的最显著因素之一。焦虑持续发生代际传递的原因有很多，其中一个原因是，当孩子正在经历克服恐惧的必要历程时，父母的恐惧常常会妨碍他们。

我希望这本书能帮助你的孩子认识到，她聪明能干、勇敢坚强、适应力强，同时也希望她能坚强地成长。

人在成长过程中难免会遭受痛苦。当你旁观你的孩子独自应对挑战时，你可能会感到伤心，而她的成长对你来说可能比她实际感受到的更痛苦。我在为他人做心理咨询的过程中发现，越是出于好心、对孩子充满爱意和关怀的父母，经历的挣扎越严重。对你的孩子来说，这是必经的历程，对你来说也一样。我相信，你们都将变得更坚强、更勇敢。

本书会先介绍有关焦虑的基本知识。每个人在一定程度上都需要应对焦虑，因此我们需要区分恐惧、忧虑和焦虑这3种情绪之间的差异，并弄清楚是哪一种情绪在影响你的孩子。接下来，本书会讨论如何帮助孩子，这也是找我咨询的父母们最常提到的问题，具体而言，比如：

我如何才能帮助她？
你能给她提供一些用来克服焦虑的方法吗？
有哪些策略是她可以运用的，包括她当下以及将来再次产生焦虑的时候？

尽管焦虑是儿童时期最常见的一种心理失调，但美国儿童、成人强迫症

养出不焦虑的女孩
RAISING WORRY-FREE GIRLS

与焦虑症研究中心的创办者塔玛·琼斯基（Tamar Chansky）博士认为，焦虑是最容易治愈的一种心理失调。类似这种令人欣慰的消息还有不少。本书会介绍多种方法来帮助你的孩子，在一生中，每当她被忧虑困扰时，都可以运用这些方法来应对。本书中最重要的一个理念是：心中葆有希望。针对对抗焦虑这个问题，从认知、情感或实用等角度开展的研究已经形成了大量的资料，但关于如何通过信念战胜焦虑的研究并不多，而我认为，信念可以对孩子产生最深远的影响。

在这个世界上，人人都会挣扎于困境，但我们仍要坚定信念，女孩尤其要如此。女孩的信念不仅会影响她们的决定，还会充盈她们的心灵。在人生的航行之中，当她们爆发情绪时，我希望她们的精神可以像压舱石一样帮助她们稳住重心，锚定方向。但作为一名心理咨询师，我不得不说，跟前人相比，精神力量对当代孩子的影响在逐渐下降。

我为儿童及其家人提供心理咨询的时间已超过25年。此外，我还与挚友梅丽莎·切瓦特桑（Melissa Trevathan）和戴维·托马斯（David Thomas）合著了几本关于养育孩子的书。我们还以"养育男孩和女孩"主题系列活动的名义，在美国各地开展了演讲。我们的核心理念是：养育孩子是一次充满挑战与愉悦，同时又可能会令人心力交瘁的旅行，它有时会让人感到孤独或难以承受。父母们需要向导带他们了解孩子的世界。

养育被焦虑困扰的孩子可谓充满挑战，有时还会令人心碎，但同时，它也可以给人带来愉悦、力量与希望，无论是父母还是孩子。通过本书，我期待你和你的孩子共同成长。

RAISING
WORRY-FREE
GIRLS

目 录

推荐序一　　撑起一把伞，守护女孩的心灵空间
　　　　　　　　　　　　　　　　　　李煜玮
　　　　　　二级心理咨询师、有弥联合心理讲师、精神分析科普作者

推荐序二　　找到内心的勇气，做勇敢的女孩
　　　　　　　　　　　　卡洛斯·惠特克（Carlos Whittaker）
　　　　　　　　　　《杀死那只蜘蛛》（*Kill the Spider*）作者

前　　言　　人生就是一次对抗焦虑的远航

第一部分　认识焦虑

第1章　焦虑是如何形成的　/003

　　　　　焦虑的等级划分　/006

第 2 章　女孩为什么容易"中招" /023

社会对女孩的要求太多　/026
压力总与优秀相随　/027
科技发展也会带来新的压力　/030
一样的焦虑，不一样的女孩　/033
一样的焦虑，不一样的父母　/043

第 3 章　当焦虑成为普遍现象，我们该怎么办 /057

感知力太强有时也是种负担　/058
一些失败的对抗焦虑的方法　/063
专业的心理疗法是治愈焦虑的良方吗　/066
父母可以从这些方面帮助女孩　/069
需要留意的事项　/071

第二部分　应对焦虑

第 4 章　帮助孩子缓解生理不适 /079

忧虑怪兽对女孩所施的诡计　/081
忧虑怪兽对父母所施的诡计　/086
孩子的认知与成年人不同　/088
供孩子使用的抗焦虑工具　/090
供父母使用的抗焦虑工具　/097

第 5 章　帮助孩子提升认知　/109

忧虑怪兽对女孩所施的诡计　/111
忧虑怪兽对父母所施的诡计　/117
孩子可以这样做　/120
父母可以这样做　/127

第 6 章　帮助孩子更有信心　/137

忧虑怪兽对女孩所施的诡计　/140
忧虑怪兽对父母所施的诡计　/147
孩子可以这样做　/150
父母可以这样做　/157

第三部分　摆脱焦虑

第 7 章　对孩子抱有合理期待　/169

社会对女孩有过高的期待　/172
青少年面对的现实困境　/178
学会在逆境中坚守希望　/179

第 8 章　让孩子内心强大的 4 个基石　/185

基石 1：信任　/187
基石 2：等待　/189

养出不焦虑的女孩
RAISING WORRY-FREE GIRLS

    基石3：平和　/192
    基石4：感恩　/194

附录1 焦虑症的类型　/203
附录2 战胜睡前焦虑　/209
致　谢 /213

RAISING WORRY-FREE GIRLS

第一部分

认识焦虑

忧虑怪兽捉弄她、摆布她；她越屈从于它，它就越强大。

第1章

焦虑是如何形成的

我接下来要讲的，听起来可能有点疯狂。

回想一下你某次开车过桥时的情形吧。当时车里可能只有你一个人。你那一天可能压力重重，也可能过得还算轻松。然而，就在你的车开过桥的那一瞬间，你的脑海中突然产生了一个想法：如果车轮稍微往右偏一点点，车可能就翻下桥了。

我不是唯一一个会莫名其妙地产生这种想法的人。你可能也和我一样，想象过乘坐的飞机坠毁或其他可怕的情形。当然，这并不代表我们疯了或有自杀倾向。而常常就是在那么一瞬间，我们产生了类似的想法，但接着就又正常地度过了一天，再也没有想起这件事来。

事实上，我们都会时不时地产生一些令人不安的想法。一个人平均每天会产生几十次甚至几百次这样的想法，我们称之为"侵入性思维"（intrusive thought）。因为我是个成年人，所以我知道我可以把这些想法说出来，并假设甚至希望他人也有这样的想法。我并不认为自己疯了，也不认为只有我自己有这样的想法。

但孩子不一样，尤其是女孩。

很多女孩天生喜欢取悦别人，常常根据人际关系来定义自我。对她们来说，感受到被爱与被了解极其重要。所以在她们看来，将那些听起来可能比较疯狂、怪异或别人不太能接受的事情说出来，是一种很可怕的冒险。如果这样做，她们可能会想：别人可能因此就不再喜欢我，甚至不再爱我了；别人可能会认为我疯了；可能我真的疯了……

这样一来，一个本该一闪而过的想法便卡在了女孩的头脑中。我在做心理咨询时习惯把这种现象称为"游乐场里的单回环过山车"：这样的想法会在女孩安静的大脑里转啊转，最终会令她们抓狂。例如：

我感觉恶心，想吐。
我没法去上学了。学校里没人喜欢我。
我得一遍遍地检查，直到确定无疑。千万不能把事儿搞砸。

小小的惊恐变成了大大的忧虑。忧虑在女孩心里绕啊绕，最终变得像一只巨大的怪兽，破坏力惊人，令她们无法抵抗。我把它称为"忧虑怪兽"。

如果你有女儿，当她感到忧虑时，她可能常常认为只有自己会这样，她并不知道别人可能也有同样的感觉。她害怕把令她忧虑的事说出来，因为她担心自己说出来以后，别人可能会不喜欢她或觉得她很奇怪。所以她会认为，只有自己会忧虑，自己一定有问题。

这种情况并不罕见。如果一个女孩感觉自己的世界出了问题，她常常会责怪自己。相对而言，男孩则常常责怪他人，比如责怪妈妈。女孩大都没听说过忧虑怪兽。我们会在后文进一步讨论忧虑怪兽。不过，本书更多的内容是讨论如何帮助女孩变得更勇敢、更强大和更聪明。

作为成年人，我们通常并不知道女孩正在与忧虑怪兽作战，所以她们的父母无能为力，只能看着她们流泪、发怒，听她们不停地发问。她们的外在表现与内心感受并不相符。她们的忧虑会通过一系列其他情绪表现出来。她们的父母并不知道她们真正在忧虑什么，其实她们自己可能也不知道。

忧虑怪兽捉弄她们、摆布她们；她们越屈从于它，它就越强大。相反，对它了解得越多，它就越虚弱。接下来，我们先来了解焦虑的等级。

焦虑的等级划分

始于恐惧

迅速说出一样你害怕的东西，然后再说出一样你的女儿害怕的东西。

当一个人说"害怕"这个词的时候，往往会在它后面接某样东西或好几样东西，这些东西大都很具体，比如蜘蛛、魔鬼、公开演讲等。我们都有这样那样的恐惧，有的人恐惧的东西比其他人多一些。特定年龄的孩子会有相似的恐惧。实际上，在成长过程中，他们会产生一些正常的童年恐惧。

婴幼儿的恐惧通常与分离相关，他们往往害怕离开看护者。此外，他们也害怕陌生人、大的噪声以及突如其来的移动。

学龄前儿童正处于学习分辨真实世界和虚拟世界的阶段。他们的恐惧往往集中在黑暗、野兽、鬼怪等事物上，或是很多人都不喜欢的事物上，比如蛇、蜘蛛、针筒等。

上小学的孩子开始懂事了。他们突然开始能看懂一些新闻，明白自己周围的世界正在发生什么。所以，他们的恐惧集中在现实生活中的危险事件上。他们往往害怕失去亲人和自己所爱的人，害怕遭人绑架或风暴来袭，甚至害怕死亡。

初中的孩子更加关注同伴的世界，甚至可以说达到了热衷的程度。他们往往害怕自己不被同伴接受或在同伴面前出丑。他们的恐惧也可能与自己正在形成的个性特点息息相关。例如，如果你的女儿热爱学习，她可能会害怕考试失利；如果她喜欢运动，可能会害怕射击脱靶或在田径赛场上表现欠佳；她如果喜欢表演，则可能害怕忘词。几乎每个中学生都害怕在全班同学面前演讲。

高中孩子的恐惧常常与他们在初中时的恐惧类似，但程度更深，且更隐秘。他们害怕被朋友或自己有好感的人拒绝。他们害怕没有朋友，害怕没人对自己有好感。他们也害怕未来，担心自己没有准备好面对未来。当面对未来的各种选择时，他们会感到有压力，包括参加考试、上大学这些"有意思"的事情，以及思考将来要做什么。

这些都是典型的随着成长而产生的恐惧，关键词是"成长"。其实，孩子往往可以在成长过程中摆脱特定的恐惧。例如，保姆给学步期的孩子点比萨吃，陪他们玩玩具，时间一长，孩子会觉得有保姆陪着也挺有意思的。随着孩子慢慢长大，他们会明白，床下并没有怪兽。上小学的女孩在经历过多次独自上楼梯以后，最终不再因为父母没有守在楼梯下等自己而感到不安。孩子总会长大，从婴儿变成幼儿，从初中生变成高中生，最终成长为成年人，此时，他们几乎不会因为童年和青春期的恐惧而再度受到伤害。

恐惧的消失有两个关键点：生活经历与信任感。当你还是一个孩子时，你一定经历过自己最害怕的事情最终没有发生的情况。当众演讲时，你可能面红耳赤，胃里翻江倒海，但你依然挺过去了。你依然有朋友，你的学习成绩可能还不错。但这并不代表你取得了多大的成功，你只是经历了一次次生存考验。你挺了过来。一旦你多次从恐惧中挺过去，恐惧就消失了。

但有时候，你害怕的事情确实会发生。例如，一场令你害怕的风暴愈演愈烈，最终变成了龙卷风，甚至席卷了你所居住的街道。

几年前，我曾接待过一个9岁的女孩，她最大的恐惧是离开妈妈。她不喜欢离开妈妈，只要跟妈妈分开，她就会担心妈妈受伤。

她妈妈计划与她爸爸一起外出旅行，不带她去，于是在出行前带着她来找我咨询。这个女孩很害怕妈妈会出车祸身亡。见面后，我针对女孩的经历和她进行了长时间的交流，也聊了一些具体的事实依据。关于事实依据，我将在后文讲到如何帮助孩子时再详述。

我问了这个女孩一些问题，试图让她明白，她害怕的事情几乎无迹可寻。

第 1 章
焦虑是如何形成的

你妈妈每周开车会开多远？

很远很远，有几百公里。

你妈妈出过车祸吗？

可能有过一两次吧。

也就是说，她开车开了 20 多年，只发生过一两次事故。

我感觉女孩并不清楚她妈妈的开车记录，不过打算就这样顺着她说。

你认为这是不是可以说明你妈妈开车开得很好？

是。

你妈妈聪明吗？

聪明。

她会不会尽力确保每个人的安全，包括她自己？

她会。

那么，你真的觉得有什么迹象表明你妈妈会出车祸吗？

不，我不这么认为了。

她说完，脸上露出了灿烂的笑容。

接下来，还有后面的故事。我的心理咨询是准时开始的，但当我和女孩聊完以后，女孩的妈妈并没有出现。这位妈妈是个很负责任的人，我很清楚这一点，所以之前在聊到她的开车记录时我很有信心。但是，时间一分一秒地过去了，她一直没出现；20 分钟过去了，她仍然没有出现。我开始感到有些担心了，而原本就容易焦虑的女孩已经非常担心了。我们只好到前面的门厅里继续等她。

又过了一会儿，她终于从停车场跑了过来，大笑着说道："你们肯定不知道我为什么来晚了，因为我刚才出车祸了！"

"我不信，这是真的吗？"女孩转身望着我，眼睛睁得不能再大了。我觉得她可能要哭出来了，然而她并没有哭，因为她的妈妈此刻正在大笑。从她的妈妈的表现可以看出，这次车祸没什么大不了的。我领会到了她的暗号，也笑了起来。"我们刚好聊到车祸，"我转身对女孩说，"你妈妈确实是个好司机，你看，她遇上了车祸，竟然还安然无恙。"

如今，女孩已经14岁了，她再也不害怕妈妈会出车祸，甚至不再成天惦记着妈妈了。她已经进入青春期了。她的恐惧消失了。虽然在她找我咨询的那天，她妈妈开车出了事故，但在随后和爸爸的双人旅行以及后来他们的全家旅行中，她妈妈再没有发生过事故。随着时间的推移，女孩从自身经历中生发出了信任感，这也得益于她妈妈没有小题大做，没有把事故灾难化，这种举重若轻的态度帮助她建立了信任感，这一点我在下文中还会提到。此外，女孩和她妈妈都抱有共同的信念，这种信念很重要。

我们需要记住的是，恐惧是童年的正常组成部分。它们会随着女孩的成长纷至沓来又终将离去。恐惧会随着生活经验的积累与信任感的建立而消失。女孩一旦克服了恐惧，就会变得更加强大；如果她们克服不了，恐惧就会慢慢变成忧虑，长久地困扰她们。

演变为忧虑

忧虑的范围比恐惧要大。我们会为一些事情感到忧虑，但并不一定会害怕它们。

第 1 章
焦虑是如何形成的

现在，说出一件让你感到忧虑的事，然后再说出一件让你的女儿感到忧虑的事。

通常，让我们忧虑的事更多的是抽象的概念，而不是具体的东西。例如，你一般不会因为想到蜘蛛而感到忧虑，但你会担心自己爱的人出事。恐惧的范围虽然比忧虑小，但在某些情况下，恐惧可以演变为忧虑。恐惧是否会演变为忧虑，与我们自身的经历息息相关。

比如，我在阿肯色州长大，现居住在田纳西州，因此我比居住在佛罗里达海岸的人更担心一场风暴会发展为龙卷风。相比之下，住在佛罗里达海岸的人可能更担心飓风，而我一点儿也不担心。事实上，当你可以根据经历判断一些坏事发生的可能性较大时，恐惧就会演变为忧虑。

如果你了解九型人格，你就会知道某几种类型的人更容易忧虑。例如，第 6 型的人被划分为忠诚型，他们容易产生忧虑。我妹妹就是第 6 型的人，她把这类人比作鸭子：当鸭子游泳时，从水面上看，它们从容不迫，但它们的脚掌在水下扑腾得很厉害。无论让人不停地"扑腾"的是什么，忧虑都会让人产生比恐惧更宽泛、更持久的担忧。

人的忧虑一般是关于未来的。这意味着婴幼儿不会长时间地感到忧虑，因为他们活在当下。当你年龄尚小的女儿看见你拿起钥匙时，她可能会担心你把她留在家交给保姆。当一个小女孩走在迪士尼乐园里时，她可能会担心自己在拐角处遇见迪士尼故事里的玛琳菲森或其他反派角色。如果你坐飞机去见一个老朋友，你上小学的孩子可能会担心你坐的飞机坠毁。上初中的女生可能会为她的社交处境以及别人如何看待自己而感到忧虑。来找我做心理咨询的所有中学生，无论他们是刚入学还是快毕业，都在为未来会发生的事情而忧虑，尽管他们没在我面前表现得像他们的父母那样明显。忧虑会一直延续到成年时期。作为成年人的你，是不是时常也会为孩子而感到忧虑呢？

不过，好在一切没有走向失控。

如果你女儿得到过一些帮助及足够多的赋能，并建立了基本信念，那么忧虑就不会在她的生活中持续肆虐。

忧虑时隐时现，你和你的女儿对忧虑做出的不同反应将导致不同的结果。本书的目的是让你了解恐惧、克服忧虑，以便帮助你的女儿从焦虑的循环中挣脱出来。

其实，孩子会发展出自己的应对忧虑的方式。你女儿现在已经掌握了这样的方式，只不过她可能还未察觉出来。对此，我将在后文再次展开讨论。此外，我还会介绍，当你女儿不可避免地产生忧虑时，你需要掌握更多可以帮助她的方法。

最终陷入焦虑

各种各样的原因都可能导致忧虑升级为焦虑。例如，重大创伤会使忧虑的孩子陷入焦虑。遗传因素也会产生相同的影响，我会在下一章讲到这一点。另外，性格、环境、生活条件等一系列因素，都可能让忧虑的孩子变成焦虑的孩子。前文曾提到，恐惧会随着时间的推移、经验的积累和信任感的建立而消失。忧虑也会来来去去，时有时无。但如果焦虑症状不加以诊治，只会越发严重。

第 1 章
焦虑是如何形成的

焦虑的范围是很大的。如果我说"我焦虑了",那么我焦虑的不是某一件事,而是焦虑影响了我整个人,我陷入了一种状态,如"我得了焦虑症"或"我很焦虑"。令人难过的是,这种状态常常可以界定我们或我们的孩子本身。在过去 5 年左右的时间里,我接触的很多女孩都对我说过"我很焦虑",我在从事心理咨询生涯的其他时候从来没碰到过这么多案例。

从恐惧到焦虑是有不同等级的,而焦虑本身也有不同的等级。在不同的女孩身上,焦虑的反应在强烈程度和表现形式上都不一样。在下一章中,我会描述不同女孩身上的不同焦虑症状。临床上,焦虑症有几种类型,最常见的类型是广泛性焦虑症(详见附录 1)。但我想把"焦虑"一词的使用范围扩大,把它定义为"一种持续的忧虑,一种周而复始或难以缓解的忧虑状态"。

焦虑不仅带来持续的忧虑,还会不断地给人施加压力。患有焦虑症的女孩会在压力之下,希望自己能确定一切、掌控一切以及确保事情万无一失,并能知道接下来会发生什么。此外,她们还希望自己能尽一切可能来阻止可怕的事情发生,而对于这种可怕的事情,她们是通过焦虑性思维来思考的。

患有焦虑症的女孩通常会高估外界的威胁,而低估自己的应对能力。她们会小看自己,视角也会随之改变,一个日常的情景可能就会引发她们产生最悲观的设想。

焦虑症状会一直伴随女孩的成长。前文曾说到,婴幼儿的焦虑与分离有关。许多小学女生曾找我咨询,她们的焦虑都围绕在父母可能会遭遇的坏事上。有研究数据显示,这个年龄段的儿童的自杀率出现了上升,我也遇到过一些小学到中学的女孩,她们表现出与自杀有关的焦虑症状。这些孩子虽然没有自杀倾向，但她们担心自己会不小心做出一些认知范围内最可怕的事情（还记得本章开头描述的，你在开车过桥时产生的想法吗？）。这些年，找我咨询的很多女孩担心自己在课堂上呕吐，她们一般是五、六年级的学生，快上初中了。她们能想到的最糟糕的事，就是在朋友面前丢脸，而且无论如何，呕吐都是很糟糕的。对高中女生来说，她们的焦虑常与学习成绩或人际关系相关。

其实每个人可能都会不时地害怕以上提到的这些事情。但是，这些女孩并不只是一时担心或偶有忧虑。闪念之间，她们就可能会产生可怕的想法。同时，焦虑会使她们高估困难而低估自己。极小概率的风险会被她们放大，使得她们无法释怀。于是，令人焦虑的想法开始在她们的脑海中打转，循环往复。

几年前，我曾和一位我很敬重的精神科医生共事。他告诉我："孩子们往往会联想到在他们的年龄可能发生的最坏的事，并因此焦虑。对青少年来说，这种联想常常和暴力、色情有关。"

当时，我正在为一位高中女生提供心理咨询，她对包括朋友在内的某些人产生了色情兼暴力的想法，甚至包括她兼职看护的孩子①。不过，没有人知道她的想法。她是那种"别人家的孩子"，你会希望自己的孩子长大后像她那样。她是同龄人中的佼佼者，热情友好、认真负责、勤奋刻苦。但实际上，她的内心充满焦虑。我和她进行了深入的探讨，她的那些想法并不代表她真实的自我，只是说明焦虑正在掌控她。还记得前文提到的忧虑怪兽吗？老实说，我认为她不会真的做出或想做出色情兼暴力的举动。她只不过产生

---

① 在美国，高中生可兼职做儿童或老人看护。——编者注

第 1 章
焦虑是如何形成的

了一闪而过的念头，而这个念头卡在了她的脑海中。她认为自己简直疯了。她的焦虑源于对问题的高估和对自己的信心不足。经过历时数月的心理咨询，她终于建立了足够的安全感，才把萦绕在脑海中的想法告诉我。在她的讲述过程中，巨大的羞耻感也倾泄而出。

人会将恐惧不成比例地放大，继而产生过度反应，并由此引发焦虑。这是焦虑的另一个主要因素。在参加我们某年举办的夏令营时，有个女孩在去湖边的路上因为遇到了一大群虫子而大哭大叫了一个多小时。虽然我承认那些虫子确实非常恶心，但我依然认为她的反应过度了，远远超出了她的恐惧。

焦虑在不同的孩子身上有不同的体现，忧虑怪兽来得鬼鬼祟祟，难以察觉。一些孩子在焦虑时可能会尖叫、大哭。此时，如果你打乱了他们的计划，扰乱了他们的安排，他们会对你大发雷霆。他们反应剧烈，用大吵大闹来寻求关注。一些孩子可能不吵不闹，一连好几个小时静静地待着，一遍一遍地做同样的数学题，直到全部做对为止。

也许你会注意到，你的女儿似乎比她的朋友更胆小。她或许经常把事情往最坏的情形去设想，她自己或她的老师可能直接和你聊到过她的焦虑困扰。无论如何，我相信你希望自己的女儿能变得更勇敢、更坚强、更聪明。你希望她拥有一种能带给她平静与安慰的信念，但现在，她还未曾拥有。她的忧虑怪兽声势浩大，把她压制住了。此时，你的忧虑怪兽也开始和你大声叫板。

015

何时需要担心女孩的忧虑级别

根据我的经验，读到这里，你可能感受到了前所未有的担心。从字里行间，你可能已经多次"看到"了你自己的女儿。如果确实如此，希望你不要徒增担心。我希望你读了这本书以后，能学会我教给你的方法，你可以先尝试在家里帮助你的女儿，这样就不必直接带她去找心理咨询师了。家庭成员之间的亲密关系和团队合作将是她最重要的武器，能帮助她打败忧虑怪兽。

当然，对一些女孩来说，了解焦虑、掌握与之对抗的工具并不足以战胜焦虑。作为一名心理咨询师，我常常把心理咨询的过程类比为一次感冒或鼻炎的治疗。医生不会一开始就让你服用抗生素，他们希望你的免疫系统可以发挥作用、击退炎症，并通过抵御疾病而变得更加强大。此后，你很可能会发现，你的孩子已经拥有了战胜忧虑怪兽的能力。虽然她可能还会不时地产生忧虑，但她已经明白了忧虑怪兽的诡计，拥有了控制忧虑的方法。赢得了这场战役以后，她会变得更加强大。但还有一些时候，正如当人的免疫系统不足以自行抵御病菌的感染时需要服用抗生素，对待焦虑也是同样的道理。

带焦虑的孩子做心理咨询，就是一种简单的焦虑"抗生素"。心理咨询听起来可能比较严重，但实际上并非如此。在我们的咨询部，我们常对前来咨询的父母说，我们给孩子讲的东西和他们讲的没有什么不一样。只是对孩子来说，我们能给予不一样的回复，所以他们有时会听得更认真。而且，我们都受过专业训练，且有实操经验来帮助孩子对抗焦虑。实际上，并不是父母做得不够，而是孩子的焦虑扎根太深，她需要一剂更强效的"抗生素"来对抗焦虑。

你可能在想：我怎样才能找到合适的心理咨询师呢？世界各地都有很多

第 1 章
焦虑是如何形成的

优秀的心理咨询师。你可以先去你要找的心理咨询师的工作室,自己先和他们聊一聊。如果你的孩子还小,你需要留意工作室的环境是否适合她。你要选择的心理咨询师需要待人热情、友好,且在必要时意志坚定。当然,他还需要在针对孩子的心理诊疗方面训练有素、经验丰富。在与心理咨询师面谈时,对于以上这些方面的问题,你都可以提。

我和同事每次出差演讲,都会接触当地的一些心理咨询师。我很希望每个城市都能建立一个为人熟知且值得信任的心理咨询师基地,但目前还没能实现。你可以从当地的学校获取不错的心理咨询师资源,通过他们,你会了解到哪位心理咨询师擅长帮助儿童和青少年。不要害怕向外求助。现如今,每个爱孩子的人都知道,孩子和父母一样,都需要社会支持。这是每一位心理咨询师和心理医生的底线:支持你的孩子,也支持你。这些人是你们的外援,一直与你们同在。

作为一名心理咨询师,我想要说明的是,有时候心理咨询并不足以治好焦虑症,还需要药物辅助治疗。常用的药物之一是 5- 羟色胺再摄取抑制剂(SSRI),这是一种抗抑郁药物。多年前,一位精神科医生给我讲解过抗抑郁药物的治疗原理。他把人的大脑比作汽车,并描述了大脑神经元之间的突触。他说,5- 羟色胺在突触间传送信号,就像给大脑通电一样,使它能正常工作,让我们在情绪上和精神上保持健康。如果我们陷入悲伤或焦虑的时间长到一定程度,5- 羟色胺就会停止分泌。这时,唯一的治疗办法就是摄入 5- 羟色胺的替代药物,其他任何治疗或干预措施都无济于事。这位精神科医生把这种 5- 羟色胺的替代药物比作"跨接电缆",它能把相邻的两个突触连接起来。通过药物,大脑又重新通电了。

据我所知,很多父母在了解了相关研究数据以后,都对药物治疗产生了恐惧心理。我理解他们的担心，我认为不到万不得已，不应该让孩子接受药物治疗。不幸的是，在美国，很多父母会先选择让孩子接受药物治疗，而不是先进行心理治疗。我深信，心理咨询会对孩子产生深远的影响。找我做心理咨询的孩子中，一些孩子需要服用药物才能恢复情绪和精神上的健康，人数有数百个之多；但更多的孩子并不需要药物治疗，他们通过心理咨询就能恢复健康，人数有数千个之多。虽然我确信有时候药物治疗是必要的，但我不推荐你直接选择用药物来应对孩子的焦虑，你首先要做的是带孩子寻求心理治疗，并咨询儿童精神科医生。

那么，你什么时候需要带孩子进行心理治疗呢?

- 你已经尝试利用一些针对焦虑的方法来帮助孩子，比如本书中介绍的一些方法，但它们并没有产生效果。
- 孩子的焦虑已经持续了好几个月，尤其是超过了6个月。
- 你发现孩子在成长的不同阶段反复出现焦虑迹象。
- 孩子的自尊心因为焦虑而受到了很大打击，以至于你觉察到了她的畏缩甚至抑郁。
- 你发现孩子在家庭、学校、交友等生活中最重要的方面遭受痛苦。
- 孩子已经无法正常上学了。
- 焦虑已经使孩子无法投入到自己最热爱的事情中。
- 孩子的身体出现了疾病症状，但儿科医生表示，她的症状并不是由生理原因导致的。

我在心理咨询过程中见识了焦虑传播的范围之广，也见证了数千个女孩

第1章
焦虑是如何形成的

战胜了困扰她们的忧虑怪兽。我用心理咨询师的阅历向你保证，无论你的女儿面临的是哪一种情形，其焦虑程度有多严重，她都一定可以挺过去。

我相信你已经做好准备，将孩子从焦虑中拯救出来。我也相信，你的孩子已经准备好了。孩子们都想走向独立，她们不仅希望成为你的骄傲，更希望为自己感到自豪。但请你记住，一旦你的孩子感到焦虑，她就会看低自己，这时，她需要你的帮助：她不仅希望你理解她身上发生了什么，还希望你懂得问题产生的原因（她还没有察觉到自己已经具备的勇气、能量和智慧）。这时，你需要信任她，需要经常提醒她——她很勇敢，并给她提供证明自己的机会。

更好地了解焦虑

1. 每个人每天会产生几十次甚至几百次侵入性的想法，孩子通常不会把这些想法说出来，因为他们害怕别人会认为他们有问题。

2. 女孩容易责怪自己，又希望维护好人际关系，所以她们很难把自己的焦虑说出口。

3. 恐惧、忧虑和焦虑同时存在于情绪的发展进程中。

4. 在女孩的成长过程中，恐惧是一种正常的心理。在发育的不同阶段，孩子会遭遇一些令他们恐惧的典型事物。帮助孩子走出恐惧的两个关键点是生活经历与信任感。

5. 忧虑比恐惧更加抽象。一旦有迹象表明，发生可怕事情的概率在不断增加，恐惧就会演变为忧虑。

6. 孩子会自己想办法应对忧虑。

7. 焦虑是一种持续忧虑、持续高压的精神状态。

8. 焦虑症如果不加以诊治，会更加严重。

9. 焦虑的孩子常常会高估困难，低估自己。

10. 焦虑源于恐惧，但其反应远大于恐惧本身。

11. 一些孩子的焦虑程度较高，需要依靠心理咨询和药物治疗才能克服。这并不意味着父母束手无策，只是说明父母需要为孩子找一个更加强大、更加专业的团队。

12. 孩子可以战胜忧虑怪兽。你需要提醒她，并给她提供战斗的机会。

13. 你和孩子对她所忧虑的事情了解得越多，焦虑就会变得越弱。孩子越屈从于忧虑，焦虑就越猖狂。

第 1 章
焦虑是如何形成的

RAISING WORRY-FREE GIRLS
更好地了解自己和孩子

- 读完本章，你在哪些方面增进了对孩子的了解，又增进了对自己的了解？
- 你有哪些挥之不去的想法？你的孩子又有哪些？这些想法都是关于什么的？
- 你觉得她的情绪更倾向于恐惧、忧虑，还是更倾向于焦虑？
- 基于本章的描述，你有过陷入焦虑而难以自拔的时候吗？如果有，当时你的年龄多大？你主要焦虑的事是什么呢？
- 你的孩子会高估生活中的威胁吗？
- 她会低估自己的能力吗？
- 你会高估威胁或低估自己吗？
- 读完本章，你对你的孩子有哪些期待？
- 你觉得你的孩子在哪些方面表现得能干且坚强？
- 你会在哪些时机提醒她，她拥有这些特质？

第 2 章

女孩为什么容易"中招"

我曾收到一个朋友发来的信息,她知道我当时正在写这本书。信息上说:

> 作为母亲,我们最关心以下两个问题:我们该如何帮助孩子?他们的问题是我们造成的吗?我们作为母亲在这方面产生了极大的负罪感。

我不希望你是在负罪感的驱使下读本书的,无论是作为母亲的负罪感,还是作为父亲的负罪感,抑或是作为其他家庭成员的负罪感。如果你的孩子感到忧虑或焦虑,你可能会问自己:"为什么焦虑的人是她?"她也可能在问自己:"为什么焦虑的人是我?"

我曾对来找我咨询的所有焦虑的女孩说过这样的话:"你有这样的感受,是因为你很优秀。我认识的在焦虑中挣扎的女孩往往很聪明、很认真、很努力,而且很负责。我真心觉得是因为你很优秀,你才会在意这么多事情,继而产生了忧虑。"

第 2 章
女孩为什么容易"中招"

我说的的确是事实。我接触过许多被焦虑困扰的女孩,她们努力工作、目标明确、关心他人、大度和善,而且才华横溢、聪慧过人。她们在意很多事情。但若对每件事情都过度在意,就会让生活变得艰难,不知道什么时候该放下,也不知道如何才能放下。

如果这些女孩知道,其他很多女孩和她们一样,她们将会受益。我会告诉她们,焦虑是儿童和青少年遭遇的最主要的精神健康问题,并让她们明白,她们不是单独在战斗,这会给她们带来很多帮助。当然,我并不会对来咨询的女孩直接使用"精神健康"这个词,以免发生后文会提到的后果,把问题灾难化。我一般会这样向她们解释:

> 我每天都会与一些被焦虑困扰的女孩交流。她们聪明的大脑很难停止思考,很多想法在她们的脑海里回旋不止。她们对我说,你能想象的任何事,都可能引起她们的担忧。所以现在你对我说的一切,都不会让我感到诧异,我也不会因此看低你。

接下来,我们来了解一下,焦虑困扰有多么普遍。以下是一些与焦虑相关的调研结果:

- 心理治疗师艾莉森·爱德华兹(Alison Edwards)在她的《为什么聪明的孩子会焦虑》(*Why Smart Kids Worry*)一书中提到,近十几年来,焦虑已成为儿童和青少年面临的最主要的精神健康问题。

- 焦虑症也是成年人常见的精神健康问题之一。

- 在自称患有焦虑症的成年人中,50%的人表示他们从童年时期就开始焦虑了。

- 据了解，焦虑症状在儿童四五岁时就开始显现出来了，实际上可能出现得更早。
- 塔玛·琼斯基公布的数据显示，20%的儿童患有焦虑症，还有更多的儿童未被纳入统计之中。
- 家庭富裕的儿童和青少年患焦虑症的风险尤为突出。
- 美国当今的青少年和年轻人罹患焦虑症状的概率比以往高 5～8 倍，包括美国经济大萧条时期、第二次世界大战时期等特殊时期。
- 如果童年时期的焦虑症状得不到治疗，它将成为青少年时期和成年时期出现抑郁症的最大诱因之一。
- 孩子从出现焦虑症状到进入诊疗阶段之间的时间间隔平均为 2 年。

美国国家卫生研究院的预测数据显示，31.1% 的美国成年人在一生中的某个阶段会患焦虑症。这意味着，在我们的朋友、同事、邻居中，有超过 1/4 的人正在与焦虑作斗争。你的孩子班上每 5 个学生中可能就有 1 个正在遭受焦虑困扰，而且他们的状况可能会发展成焦虑症。此外，在出现焦虑和获得治疗的概率方面，男孩和女孩之间有很大差别。

在青少年时期以前，女孩罹患焦虑症的概率是男孩的 2 倍。但是，塔玛·琼斯基表示，由父母带着接受治疗的男孩比女孩多。这是为什么呢？女孩的生活中发生了什么呢？

社会对女孩的要求太多

心理学家莱昂纳德·萨克斯（Leonard Sax）分析说：

第 2 章
女孩为什么容易"中招"

越来越多的男孩正在变得贪图享乐，他们耽于电子游戏或色情作品，足不出户、饱食终日、酣睡如泥，不再拥有从现实世界中获得成功的动力。而越来越多的女孩开始奋发上进，但她们却不知道如何放松以及如何享受生活。

提醒你注意一点，女孩更倾向于将问题归咎于自己。问题出自她们自身，所以她们需要更加勤奋，追求完美。然而可悲的是，伴随着加倍的努力，她们并没有获得更多的资本或帮助。萨克斯继而表示：

在过去任何时代的文化中，女孩都没有像现在这样有如此多的机会，却很少得到指引。

压力总与优秀相随

你的女儿充满忧虑，但她很可能是个值得信赖的人。如果她年龄够大，而你又有其他年龄更小的孩子，你相信如果把其他小孩子交给她照顾的话，她会照顾得很好。她可以自觉地完成家庭作业，而对她弟弟的作业，你可能需要反复检查。你当然不会安排你的儿子帮你的女儿准备带去学校的午餐，但反过来，你的女儿可以帮你的儿子准备好。她有很强的责任心，但同时又有巨大的压力。

正因为女孩几乎无所不能，所以人们常常期待她们全知全能。我在进行心理咨询时发现，父母一般会对与自己同性别的长子或长女更严格。比如妈妈确实会对长女抱有过高的期待：她要照顾弟弟妹妹，当一个好榜样，为人礼貌友善，学习成绩优秀，保持房间整洁，还要做好家务。

事实上，你的孩子想要取悦你。即便她已经长大，即将进入青春期，她可能会对你翻白眼，而且你已经很难读懂她的心思，但她依然想要取悦你。她不想让你失望，不想让老师失望，也不想让朋友失望。她痛恨失败。

在如今这个时代，一种主流的观点认为，女孩可以做一切事情，这种舆论导向在很多时候都是有益的。从学术界到体育界，从管理岗位到服务岗位，从艺术领域到亲密关系领域，当今的女孩拥有大量的机会参与其中，这在以前是不可能的。但是，知道她们有机会、有能力，有时会让人们产生一种她们必须要做到的感觉。在她们眼里，机会变成了他人的期待。有时，人们会因为"我们小时候没有机会做这些事情"而激励女孩去做，她们也常常会鞭策自己。这些年，在我接触过的父母中，有几百个父母都声称，他们的女儿给自己定下的目标比他们预设的还要高。但是，这些目标往往源于她们取悦父母的愿望。

美国有线电视新闻网的记者蕾切尔·西蒙斯（Rachel Simmons）称："在本科生和研究生的录取率上，女生超过了男生。但是，加州大学洛杉矶分校的一项研究显示，大一女生感到前所未有的孤独和郁闷。"一位最近来找我咨询的女孩说："一切都太过头了，好像我有太多的机会和选择来决定怎样过一生。但我目前只想弄清楚我自己是谁。我感觉自己已经洞悉了整个世界，但又不知如何是好。这一切让我无力承受。"

仅仅是读到这些，你是不是就已经感受到压力了？在女孩的身体里和生活中，一场"完美"的风暴正蓄势待发。她们害怕失败，格外在意周围的一切；她们能力强大而又认真负责。她们拥有无数个机会，对自己有很高的期待，而她们的家人也对她们充满期待。她们反过来希望得到家人的重视和喜爱，希望得到和家人有关的所有人的珍爱。这种想法在她们8岁以前可能

第 2 章
女孩为什么容易"中招"

就已经形成了。

2010 年，美国《儿科》(*Pediatrics*) 杂志的一篇研究报道引述了心理治疗师艾莉森·爱德华兹的一段话，她在《为什么聪明的孩子会焦虑》一书中提到，约 15% 的女孩从 7 岁开始就进入青春期了。因此，她们不仅承受着巨大的压力，她们内在的情绪波动和激素水平波动也将其卷入困惑之中，使其难以自拔。女孩比男孩早熟，她们的成熟伴随着情绪上的敏感。从本质上来说，她们的问题在于，她们的情绪处理能力不足以应对她们的情绪。我们仍不清楚为什么女孩的青春期越来越早，但一位科学家评论道："在过去的 30 年里，女孩的童年已经缩短了一年半。"

此外，女孩还很在意自己的体形。以下数据摘自美国身体影像治疗中心的资料，以及饮食失调治疗专家希瑟·加利文（Heather Gallivan）的一篇研究报告：

- 89% 的女孩在 17 岁以前就开始节食减肥了。
- 15% 的年轻女性有饮食失调问题。
- 在一年级到三年级的女孩中，42% 的人想要减肥。
- 在三年级到六年级的女孩中，45% 的人想要减肥。
- 在高中一年级到高中二年级的女孩中，51% 的人表示，节食让她们自我感觉更好。
- 在 10 岁的女孩中，80% 的人害怕变胖。
- 在 13 岁的女孩中，53% 的人对自己的身材不满意。
- 在 17 岁的女孩中，78% 的人对自己的身材不满意。

女孩的压力太大了，她们需要取悦他人、扮演不同的角色、表现优秀并承担责任。出色地完成这一切的同时，她们还希望自己外形美丽。在她们还没有成长到可以从理性上认知压力时，她们就已经从感性上体会到压力了。她们尚不具备应对压力的技能，而这就是成年人可以帮助她们的切入点。

成年人需要让女孩们更加重视努力的过程，而不是努力的结果；前者可以实现，后者并不可控。成年人应该对女孩们付出的努力以及她们取得的成绩给予鼓励，当然她取得的部分成功也值得庆祝。成年人应该聊一聊自己的失败，多自嘲自己犯过的错误，还要帮她们武装起来，让她们不仅与焦虑抗争，更要对抗日复一日承受的内外压力。成年人要帮助她们面对的最大压力之一，源自我们这代人在成长过程中从未接触过的科技产品。

科技发展也会带来新的压力

如今，绝大多数人会利用社交应用软件与人交流。女孩可以敏锐地留意到有多少人在关注她们，每发布一条动态会有多少人"点赞"。如果一个女孩在自己的社交账号上上传一张照片，但点赞数不够多，那么她很可能会将其删除。换句话说，如果用她的口吻，可能就是"如果得不到足够的认可，那么我经历的事情就毫无意义"。她可能不会大声说出这样的话，但她可能确实是这么想的。她的压力还来自上传照片的频率：她既想多上传一些，以持续引发关注者的兴趣，又不想发得太频繁，以免关注者感到厌烦。另外，她还需要同时做到保持优美的姿势、合适的微笑、精致的外表，且要和"对的人"在一起，再配上巧妙的文案。曾有一个七年级的女生对我说，她去一个朋友家过夜时，花了3小时为一张照片想文案。整整3小时！最终，她放弃了上传这张照片，因为她实在想不出合适的文案。你说她的压力大不大？

第 2 章
女孩为什么容易"中招"

如今在美国,"色拉布"(Snapchat)这款照片分享应用的最大潮流之一,是"快照留痕"(Snapstreaks)功能①。最近,我和一位初中女生聊了聊该功能。她之所以跟我聊,是因为我很难理解这个概念以及这项设计背后的逻辑。

她告诉我:"我只有 10 条'留痕',而我很多朋友有 30 条……有些人持续留痕超过了 100 天,我还认识一个与别人持续互动'留痕'600 天的女孩。"她接着说道:"如果你不和某些人持续'留痕',基本上就说明你不喜欢他们了。"

当我问她每天会花多长时间保持"留痕"互动时,她回复说:"大概半小时到一小时吧。我每天要写作业、做运动,保持'留痕'还挺难的。我当然不希望我的朋友觉得我在生他们的气,所以'留痕'根本停不下来。"当我问她"留痕"对她和朋友的友情有什么促进作用时,她对我说的最后一句话是:"我觉得没什么作用。但我不知道如果我不再参与'留痕'会怎么样,我害怕失去朋友。"

对我来说,我连每天回复别人一个电话都做不到,更别说用社交媒体来来回回发 30 条信息了。这下你知道这些女孩正生活在怎样的压力之下了吧?最近,有位母亲在和我聊天时说,她女儿参加了一个月的旅行,其间,她一直帮她女儿在"色拉布"上"留痕",因为她女儿担心"留痕"数会减少。

当你阅读本书时,也许全新的社交媒体平台已经出现了,它们会用更强大的手段给女孩施加压力,使她们不停地参与其中。她们可以更加清楚

---

① 如果你和朋友连续互发消息或照片超过一定的天数,就会得到一条"留痕"。——译者注

031

地了解到自己错过了哪些派对，又有哪些聚会没有邀请她们，这一切都可能导致她们焦虑或抑郁，就像我每天在咨询室里见到的女孩一样。很有意思的一点是，我最近读到一篇研究文章，该文章声称，女孩认为社交媒体并不是引发她们焦虑或抑郁的原因。但是，找我进行心理咨询的女孩并不是这样说的。

本书无意对科技产品给女孩和他人造成的紧张进行长篇大论，简单来说，女孩需要慢慢学会负责任地使用科技产品。随着她们逐渐成熟，当她们可以证明自己有能力对自己负责时，她们才能享有更多的权利。她们的父母希望一切都慢慢来，尽可能地推迟允许她们独立使用科技产品的时间。众所周知，科技产品是女孩们现在的主要交流媒介。我们要明白，科技产品是导致女孩们产生焦虑的一个重要原因，而很多女孩每天都在试图挣脱焦虑的困扰。

与科技产品相关的焦虑不只源于社交媒体，它在很久以前就出现了。最近，一位医生告诉我，仅仅是被电子屏幕带来的声色刺激"轰炸"，女孩们的大脑就已经过度兴奋了，如果这种兴奋状态维持的时间过长或出现得过于频繁，那么她们的大脑就很难恢复平静了。就此，我们依然可以用很多方法来阐述科技产品对女孩的影响。从根本上说，科技产品在加剧女孩的焦虑。我们需要帮助她们更恰当地使用科技产品，并帮助她们为自己负责。科技发展导致社会出现的各种变化确实使我们很难做到这一点，但为了她们，我们必须这么做。

十几年前，我刚刚开始讲授关于养育女孩的家长研讨课程。我永远忘不了第一天来听课的一位父亲。当天下课后，他向我走来，对我说："我很想马上回到家告诉我的女儿，我从不知道做女孩这么难。"这位父亲的爱心和他与女儿真诚交流、心心相印的愿望让我无比动容。

做女孩确实很难。但如果父母能试着理解她们、走进她们的世界，她们的焦虑就能得以减轻。和你的女儿聊聊吧，问问她会感受到哪些内外压力，并问问她学校的氛围如何，以及社交媒体软件是否会让她感到紧张。然后，和她一起玩乐，帮助她学习放松、娱乐和享受生活。这对你们俩都有好处，而且也会改善你们的关系。

一样的焦虑，不一样的女孩

你已经认识到，女孩们正在与前所未有的忧虑与焦虑抗争。但正如前文提到的，为什么寻求诊疗的女孩反而越来越少呢？我们不妨来看几个女孩的例子。

劳拉在12岁时开始找我进行心理咨询，但她的焦虑早已开始。她的妈妈给我看了一张她6岁生日时的照片：她的妹妹一边大笑一边搂着她，而她正在为自己的生日蛋糕哭鼻子。劳拉的妈妈对着这张照片，微笑地看着我说："她的问题很早就出现了。"我从劳拉的妈妈的描述中得知，劳拉天性善良而顺从，敏感而羞涩。她是家中4个孩子中最大的。因为性格内向，她不容易交到朋友，不过小学时仍有几个关系亲密的朋友。在她进入中学以后，交友变得更加困难了。很多时候，每当放学回家，劳拉对同龄人都感到失望和沮丧。她感觉自己无法与他们沟通，甚至越来越游离于同龄人之外，不再愿意尝试与他们沟通。她的父母哄过、劝过、安慰过她，但都无法让她振作起来。所以，他们只好带劳拉来找我了。

索菲亚找我进行心理咨询是从她 7 岁开始的。索菲亚是家里最小、也最冲动的孩子。她热情放纵，表现出一定的攻击性，同时又非常有趣。她在家里制造了不少麻烦，接着开始在学校惹麻烦。她常常在操场上与男生一起玩，而不怎么和女生结伴，她父母对此感到担心。也许她父母不只是担心，还有疲倦。"我们在想，她是不是得了多动症？她有时会突然暴怒，上课时注意力不集中。她还会对我们发火，并会不假思索地说些疯话。她们班上的女生似乎都不想和她玩。"事实上，我也怀疑过：索菲亚是不是患有某种注意缺陷障碍？她任性鲁莽，上课时注意力不集中，且对社交信号不敏感，这些恰好都是注意缺陷多动障碍的征兆，很多女孩身上都有。后来，索菲亚接受了心理测验，结果显示，她在"焦虑"一栏的得分比任何"注意障碍"的得分都高。

顺便解释一下，如果你认为你的孩子可能患有医学定义的焦虑症或注意缺陷多动障碍，又或者各种学习或心理障碍，可以带他们进行专业的心理测验，这是一种很有帮助的诊断工具。我常对前来咨询的父母们讲，心理测验能极大地推进诊疗过程。比如，注意缺陷多动障碍和焦虑症的症状看起来非常接近，但两者的治疗方法大相径庭。因此，通过心理测验，心理咨询师可以更及时、更全面地了解如何更好地帮助你的孩子。神经心理学测验需要由持有职业资格证的临床心理学家来进行。你可以向儿科医生寻求建议或让他推荐可靠的心理测验机构。

埃拉是一个高中低年级的学生，学习成绩很好。在寒假和暑假期间，她会参加当地组织的旅行，去国外的孤儿院做义工。她是美国国家高中生荣誉协会（National Honor Society）的工作人员，也是青年团队的成员，会帮助新入学的女生适应学校环境，其他人都愿意和她共事。但事实上，对埃拉来说，做到这一切需要付出很大的代价。只要她一慢下来，她就会陷入悲伤，难以自抑。尽管她不断地用工作和微笑来掩饰，却还是渐渐地表现出抑郁的迹象。据埃拉所说，焦虑是她不断进步的动力。但是，她并不知道自己的内心因此受到了多大的伤害。

埃玛来找我咨询，是因为她在学校里每天都感觉胃痛，经常不得不提前回家。她看过3次医生，但医生并没有发现她的身体有任何问题。于是，医生介绍她的家人带她来找我咨询。埃玛很难开口讲述自己的感受，她满面笑容，看起来精力旺盛，一点儿都不悲观。她的妈妈说，学校里的老师和同学都很喜欢她。但随着我们交谈的深入，我越来越清楚地发现，埃玛并不觉得自己被人喜爱。她非常敏感，一直关注且很在意他人的态度。来自朋友的一点儿小小的冷落都会被她视为友谊中的巨大裂痕。她很走心，而她的这些感受通过胃痛表现了出来。

维多利亚是个10岁的文静女孩。她说话的声音很小，让人很难听清。当她来找我咨询时，总是希望她妈妈陪她一起，而且不愿意让她的妈妈中途离开。维多利亚充满了恐惧，同时又极度刻板。她向我坦白了每一个"不好的"想法或感受。她很难放下这些想法，也很难做出选择或转变。每天上学前和入睡前是她一天中最难熬的时光。早上，她会为该穿哪件衣服出门而崩溃；晚上，她会因为不断回想一天中做错了哪些事而难以入睡。这令维多利亚和她的父母都筋疲力尽。

在大多数情况下，维多利亚和其他女孩经历的焦虑都掩藏在表象之下，会被人误以为是性格内向、完美主义甚至是有"多动"倾向。焦虑的女孩会因为害怕令团队失望而不参与体育活动；也会因为害怕说错话而避开朋友，导致朋友越来越少。她们可能入睡困难，或者为了把作业做好而花过多的时间；她们也可能会频繁地洗手，或者一再地问问题，只为了求得安心。

在不同的女孩身上，焦虑有不同的表现，不同的父母反应也不一样。不过，大多数来找我咨询的女孩的父母都会说"她就是这个样子"或"她一直都这样"。同时，他们又会对孩子的表现深感忧虑或厌烦乏力。在这些女孩眼里，一切都不太对，而且她们认为这很可能是她们自身的问题引起的。她们内心的压力和忧虑不断地累积加剧，她们却没有与之对抗的工具。

"焦虑值温度计"是我在《更勇敢、更强壮、更聪明》(*Braver, Stronger, Smarter*)这本抗焦虑手册中介绍过的一种有效的工具。在使用时，你和孩子需要分等级记录各自的"焦虑温度"，以了解某一时刻你们各自的焦虑水平。你现在的焦虑等级有多高呢？你认为你的孩子的焦虑等级又有多高呢？

正如前文所描述的那样，女孩们的内心忧虑与外在表现往往不一致。当她们的焦虑水平升高时，她们不会说"妈妈，我很担心"或"爸爸，我感到有点焦虑，你可以帮帮我吗？"，而是会在愤怒中爆发，因为她们还没有掌握用其他言行或方法来应对焦虑的能力。她们也可能会突然泪流满面，或因羞愧而崩溃，抑或仅仅是选择退缩。大多数女孩倾向于用以上某种方式来应对焦虑，有的外放，有的内敛。她们的忧虑表现取决于她们倾向于选择哪一种应对方式。

情绪爆发的女孩

当孩子情绪爆发的时候，她们会向外释放焦虑。老师和父母不一定会认为她们焦虑，一般会认为她们易怒、想寻求关注或只是单纯爱惹麻烦。尤其是对年幼的女孩来说，她们的外在表现比内心忧虑更容易被人发现。她们内心的感受被极度夸大。她们大吼大叫并感到沮丧，而这种沮丧既源于父母，也源于她们自己。她们会让父母知道她们的沮丧。实际上，对外向的女孩来

第 2 章
女孩为什么容易"中招"

说，父母成了她们应对焦虑的主要工具。换句话说，她们的感受很强烈，但她们不知道如何对待自己的感受，而父母恰好在身旁，能给予她们足够的安全感和无条件的爱。因此，她们的情绪随即爆发了。她们可能会尖叫哭嚎着对父母喊道："你做得不对！"

表面上看，可能是父母给她们扎的马尾不好看，而真正的症结在于她们正在担心自己的生日派对，她们不确定自己应该和朋友说些什么、如何交谈。表面也可能是父母辅导她们的数学题答得不对，而真正的问题在于她们正为如何保持优异的成绩、赢得老师的好感而心慌意乱。

情绪爆发的孩子需要掌控感。当情况走向失控时，她们会变得思维僵化、很难变通。一旦陷入僵化，她们的忧虑会升级，情绪会加剧。当她们情绪爆发时，就像是打开了泄气阀。她们的大脑会产生"或战或逃"的应激反应，但她们常常不会和父母之外的其他任何人"战斗"。在情绪爆发之后，她们可能会感觉好很多，但父母的感觉却很糟糕。有些时候，她们也会感觉很糟糕，会泪眼汪汪地向父母道歉。她们甚至可能一遍遍地向父母道歉，因为在情绪暴发后，她们倾向于过度坦露自己的内心。

你能猜到，在前文提到的几个找我咨询的女孩中，谁是情绪爆发的人吗？答案是索菲亚和维多利亚。索菲亚是一个典型的情绪爆发者。她试图压制自己的忧虑，但由于性格太冲动了，最终总会情绪爆发。她在课堂上注意力不集中，不是因为她的大脑无法专注，而是因为她的大脑正专注于令她忧虑的事，因此没时间关注学习。

维多利亚也处于情绪爆发状态，但和索菲亚不同的是，她在情绪爆发前会保持安静。索菲亚和维多利亚都把父母当作自己应对焦虑的主要发泄对

037

象。她们的情绪随着焦虑程度而升级。她们试图用外放的方式来处理情绪，主要包括大喊大叫，这种做法被称为情绪宣泄。但是，无论是大喊大叫，还是态度激烈、大声说话，都只会让周围所有人感觉更糟。这样的女孩及其父母需要寻找其他更具建设性、攻击性更低的工具来帮助她们，详见后文。

情绪崩溃的女孩

情绪爆发者是冲着他人发泄，而情绪崩溃者则几乎只会冲着自己发泄。前文提到的劳拉、埃拉和埃玛都是典型的情绪崩溃者。她们会弱化自己的感受，并因为这些感受而自责。同时，这些感受会引发她们产生某些生理反应，如胃痛或头痛。

从表面上来看，情绪崩溃者貌似都是模范儿童，因此她们的忧虑会被人忽略。她们平时会时常微笑、勤奋上进，当父母与他人聊天时，她们往往会躲到父母身后。她们通常是优秀学生的典型代表，却不敢举手回答问题。这并不是因为她们不知道正确答案，而是因为她们太在意他人的看法，对自己要求严格，觉得自己的答案很可能并不正确，会让自己出丑。

和情绪爆发者一样，情绪崩溃者也想获得掌控感。但与情绪爆发者不同的是，她们不会试图获得对外的掌控感，在得不到时也不会爆发情绪，而只会退缩，避免让她们感到失控的情形发生。她们是隐藏情绪的高手。但同时，她们的情绪总会以这样那样的方式表现出来。

最近，我和一位男士聊了聊，他有一个12岁的女儿。他态度坚定地对我说，他的女儿很好，但她每天会洗手20多遍。她妈妈隐隐约约觉得她有些不对劲，但没有人知道她的内心在想什么。她待人友善，学习成绩优异，

第 2 章
女孩为什么容易"中招"

尊重长辈。实际上，她是一个情绪崩溃者，她的外在表现反映不出她的内心世界。当她第一次走进我的咨询室时，她看起来"很好"，就像她的爸爸说的那样。你可能听说过这样一种说法，即每一句"我很好"背后都是"我要表达情绪，这样我才会好"。这个女孩就是这样的人。她的情绪没有直接展现出来，而是通过强迫症般地反复洗手来表现。她需要其他处理情绪的方法。她目前所用的方法虽无损于他人，却给她自己带来了很多伤害，而她原本就打算自己承受。和其他很多焦虑的女孩一样，对于她承受的伤害，旁人很难察觉。

气质不同的女孩

从幼年开始，女孩就很可能在气质（temperament）①上表现出焦虑情绪。哈佛大学的心理学教授杰罗姆·凯根（Jerome Kagan）对儿童气质做了大量的研究。据《纽约时报》记者罗宾·马兰茨·海尼格（Robin Marantz Henig）报道，凯根认为，一些婴儿从 4 个月大起，就已经"注定"会被焦虑困扰了。他们对陌生的人物或场景反应强烈。哈佛大学和其他研究机构进行了长期的追踪研究，结果发现，反应强烈的孩子长大后更容易焦虑。这种表现被称为"杏仁核过度反应"，杏仁核是大脑中负责"或战或逃"应激反应的区域（详细介绍可参见下一章的内容）。凯根得出的结论是，15%～20% 的孩子比其他孩子更容易焦虑。

而我在心理咨询过程中发现，天赋异禀的孩子更容易有焦虑倾向。这种倾向和他们与生俱来的能力有一定关系：敏锐的观察力、很强的认知加工能力、更高的情绪敏感性和共情能力，以及活跃的想象力。这些孩子可能同时

---
① 心理学概念，指一个人的内在人格特质，与一般意义上的气质意思不同。——编者注

具有实事求是、完美主义、具象思维的特质，因此，他们的头脑有时发达得超越了他们的社交能力。智力高超成了他们的身份标签，也成了他们的比拼资本。对他们来说，证明自己是对的比做一个善良的人更重要。在这一点上，他们很清楚自己与世界互动的方式与他人不一样，但他们又不能割舍自己的天份与其他孩子共情。与同龄人之间成熟度的差距及难以与同龄人建立联系，使得这些天赋异禀的孩子更加焦虑。

此外，气质胆怯的人也可能有焦虑倾向。有的孩子不仅对自己抱有消极想法，对其他事物普遍持有消极态度，他们往往比其他孩子更难摆脱焦虑困扰。他们不仅相信天有可能会塌下来，而且认为天塌下来时会砸到自己。心理学家把这种思维模式称为消极偏见。消极偏见不仅使人能更快地感知到消极状况，还会使人受到更强烈的冲击。换句话说，一个人越是诚惶诚恐，越容易遭殃。气质胆怯的人常常会陷入先有鸡还是先有蛋的困境中。

带有消极偏见的人，无论是儿童还是成年人，他们会用消极态度来看待周围的一切，对整个世界都抱有消极情绪。消极情绪会引发新的消极情绪，最终引发焦虑。对这样的孩子来说，他们会感觉"自己总是被排挤在外"，"自己在小组里从来不是第一个被选中的"，"老师向其他同学提问比向我提问更多"，"其他小朋友聚会时从来不邀请自己"。由于消极偏见，他们感到更加孤立，也更加焦虑，而他们原本就已经有潜在的焦虑倾向。更严重的问题是，他们可能会对自己"被孤立"信以为真、习以为常、愈加在意。

经历不同的女孩

古语有言：世人皆苦。

第 2 章
女孩为什么容易"中招"

无论父母多么想阻止令孩子感到困苦的事情发生，它们最终一定会出现在孩子的生活中。当同学欺负她或排挤她时，她在学校的日子不会好过。其他家庭成员也免不了会伤害她，比如兄弟姐妹可能会对她指指点点。父母可能也难免会失控，给她造成伤害。这些困难都是现实世界中的日常，我们每个人都与之共存，即便如此，也还要依旧与身边的人维持好关系，哪怕有时我们对他人感到失望。

作为一名心理咨询师，我认为现在最重要的一件事是，我要告诉你，你的孩子遭受的困难如何让她变得百折不挠。其实，在应对充满压力的生活场景时，孩子们对压力的抗抵力会逐渐增强。你自然希望她学会把困难当作机遇。最终，即使她受到了巨大的伤害，也能逢凶化吉。这将是本书会不断提及的一点，你在你的孩子的生命中，也会不断地见证这一点。但同时，这些经历也会引发她们的焦虑，尤其是当这些经历构成了心理学上所讲的创伤时。

在当今的文化语境下，有大量关于创伤的讨论。据报道，美国有超过 2/3 的孩子在 16 岁前有过创伤性经历。美国心理学协会对创伤的定义是："对交通事故、强奸或自然灾害等可怕事件的情绪反应。"在遭遇创伤之后，受害者可能会感受到极度的悲伤或愤怒，并产生创伤后应激障碍（详见附录 1）。受害者也可能会出现与创伤相关的其他生理问题、精神问题或情绪问题。

创伤与焦虑之间的确切联系仍有待判定。临床心理学家布丽奇特·弗琳·沃克（Bridget Flynn Walker）表示，目前还没有实证数据可以证明创伤与焦虑之间存在明确的因果关系。但塔玛·琼斯基曾写道："经历过创伤性事件的孩子出现某种心理问题的可能性比没经历过的孩子高两倍，这些心理问题包括焦虑症、抑郁症或行为障碍。"她还补充道："同时，也有很多研究结果显示，大多数经历过创伤的孩子都能从中恢复，不会留下严重的后遗症。"

我在进行心理咨询的过程中，见到过两种结果。一些女孩经历了所谓的"小创伤"，如不太严重的霸凌或搬家，她们之后走了出来，并变得更加坚强；另一些女孩在经历同样的处境后畏缩了，并紧闭心窗。我还见过一些女孩，她们遭遇了所谓的"大创伤"，如兄弟姊妹或父母的逝去。在此后的很长一段时间内，她们都很焦虑，并变得软弱无力，创伤的阴影遮盖了她们的生活，使她们无法依靠自己走出来。另一些历经了相似悲剧的女孩同样深感悲伤，但她们没有因为创伤而止步不前，而是从中恢复过来，迈向了未来。我的结论是，面对创伤，女孩们的态度在很大程度上取决于他人的态度。

大脑会试图对创伤性事件做出反应。震惊和痛苦会冲击大脑，使记忆变得混乱而碎片化。因此，大脑对这类记忆的存储方式与通常的方式不一样，它们会在人的睡梦中或闪念之间被释放出来，常常带给人情绪、精神和生理上的痛苦。成年人的大脑发育成熟，还会对创伤做出这样的反应，不难想象，创伤对孩子尚未发育成熟的大脑会造成什么样的冲击。

当你的孩子遭遇创伤以后，无论创伤大小，你都要向她提供力所能及的帮助。她希望你给她提供一个可以交谈的安全港湾，有时还希望你帮助她寻求专业人士的帮助，以借助心理诊疗的手段来理解自己的经历。

有一年夏天，我和同事在霍普敦举办了以心理咨询为主题的暑期项目，第一天，我度过了一个让我十分感动的早晨。当天早晨，五年级和六年级的学生讲述了自己在困难中挣扎的过往，既饱含眼泪，同时又满怀希望。当别的孩子都去吃午饭时，一个六年级的女孩留了下来，说想跟我聊一聊。她从几个月前开始找我进行心理咨询，当时她的哥哥在不久前出车祸不幸身亡。

和我想象的一样,她依然处于深深的悲痛之中。我们聊了一会儿,她大哭了一场,比以往每一次和我交谈时哭得都厉害。

约 20 分钟以后,她在霍普敦最好的朋友走了过来,问是否可以加入我们一起聊聊。我转过头望着流泪的女孩,她从泪水中透出微笑说:"当然可以。"接着,女孩的朋友坐了下来,对我们说:"我想告诉你们一件我没有告诉过任何人的事,我爸爸被关在监狱里。"女孩子站起来,抱住朋友说:"我无法想象你承受着多大痛苦。"她的反应太出乎我的意料了。如果面对这种情况的是成年人,不知多少人会因为自己的对话被他人强行打断而感到恼怒,或因为突然之间失去关注而感到难堪,又或一时语塞而不知如何是好。而她们只是六年级的孩子。失去哥哥的女孩承受的伤痛,赋予了她对朋友深切的同情心和强大的共情能力。得益于父母和心理咨询师的帮助,女孩正在从巨大的伤痛中走出来。

你的孩子也可能会遭遇麻烦、痛苦,甚至可能经历创伤。这些困境最终会转化成什么,你可能并不知道,但你可以做些事情,来帮助你的孩子。如果你可以向她提供正确的帮助,那么她将在困境中有所收获。

希望长存。

一样的焦虑,不一样的父母

读了前面的内容,你有什么感受?你的忧虑水平现在有多高了?

让我们重新回顾上文刚提到的一句话:希望长存。我希望你记住这句话。无论你或你的孩子的生活中发生了什么，无论焦虑是否来自基因遗传，无论你在育儿道路上犯了多少无心的过错，请记住：希望长存。人生是一场旅行，你和你的孩子都还在旅行之中。我在每一场以育儿为主题的研讨会上都会强调以下4个字：时犹未晚。

我想再重申我的一个观点：最能预测孩子产生焦虑的因素之一，就是孩子父母的焦虑。但别忘了：希望长存，时犹未晚。本书将要讨论的是，要帮助你的孩子逆转焦虑倾向，你现在能做什么，可以怎么做，以及你为什么要这样做。

遗传的影响

在我们咨询部，我在接待预约者时，常常遵循相同的程序。我走到大堂，向来访的孩子及其父母做自我介绍。然后，我会对孩子说："我来带你参观一下，之后我们聊几分钟。聊完以后，我会把你再带回这里休息，换你的爸爸妈妈和我再聊一小会儿。"接着，我会带着孩子参观放满了零食和饮用水的办公区，带他们认识住在这里的宠物治疗师[①]。然后，我会带他们到办公室坐下来聊天。我会先和孩子聊，因为我希望让他们觉得有安全保障。

在初次见面时，很多女孩会告诉我，她们很焦虑。她们还会告诉我，她们的父母为什么让她们来这里，有时还会聊聊她们的父母是如何向她们解释心理咨询的。每当听到这里，我就觉得很有意思。我已经记不清有多少次被孩子称呼为"感觉医生"了，尽管我的名牌上并没有"医生"这两个字。其

---

① 宠物治疗师常出现在心理咨询中，作为安抚情绪的辅助治疗。这里提到的宠物治疗师是一只名为露西的哈瓦那混血犬。——编者注

第 2 章
女孩为什么容易"中招"

实,如果你带你的孩子进行过心理咨询,就会发现"感觉医生"是个很好的称呼。我通常在和孩子们聊了几分钟以后,会把她们带回大堂,然后把她们的父母叫进办公室。我会请父母们聊一聊自己的孩子,作为交流的开始。而我们的统计数据显示,大多数父母聊的都是孩子的焦虑问题。

你有没有和一个真正焦虑的人聊过天呢?焦虑似乎会扩散,而且扩散得很快。和真正焦虑的人在一起,我也会开始感到焦虑。我和很多孩子的父母都聊过,他们都向我描述了自己对孩子焦虑问题的担心。而当我问他们"你们家其他人是否焦虑"时,他们都矢口否认。

约翰斯·霍普金斯大学的科学研究证明,对一个女孩来说,如果她的父母有焦虑问题,那么她罹患焦虑症的概率是其他孩子的 7 倍。心理学家李德·威尔逊(Reid Wilson)和心理治疗师琳恩·莱昂斯(Lynn Lyons)在他们的著作《焦虑的孩子,焦虑的父母》(*Anxious Kids, Anxious Parents*)中提出:"在与焦虑的父母同住的孩子中,有多达 65% 的孩子出现了与焦虑症有关的心理问题。"根据上述研究以及其他更多的对照研究,研究人员可以断定,焦虑其实是会遗传的。但塔玛·琼斯基表示,在当代接受诊治的焦虑症患者中,遗传的影响仅占 30%~40%,其他病因还包括前文提到的环境等影响因素。

威尔逊和莱昂斯的研究还表明,在父母一方出现焦虑的情况下,如果另一方能保持不焦虑,这对孩子来说有极大的好处。但他们同时也表示,由不焦虑的父母一方提出的看法常常会被当作态度淡漠、不关心孩子,因此会被无视。而实际上,父母双方的看法都很重要,如果一方不焦虑,那么这将抵消另一方焦虑的影响。

你可能分辨不出，你的孩子的焦虑症是不是来自遗传。很多父母对此都毫不知情。接下来，我来讲讲我自己的故事。

我并不会每天都感到焦虑，但我是典型的 A 型人格，属于九型人格分类中的一类。随着年龄的增长，我更加确信 A 型人格的人或多或少都有些焦虑。A 型人格的人很高效，做事有条不紊，可以系统性地控制自己的世界。因此，A 型人格的人可以很好地掌控自己的焦虑，确保其不会泛滥，并且不受其牵制，这就是 A 型人格的人内心世界的运行之道。如果你恰好与我一样，也是 A 型人格，我建议你和我一起对号入座。

我最近读了一篇文章，标题是《如果你有这 7 种习惯，你可能患有高功能焦虑症》[1]。通常，高功能焦虑症并不会对我们的日常生活构成威胁。接下来，我们来了解一下到底是哪 7 种习惯：

- 失眠。
- 特别注重细节。
- 无法放松。
- 参与"让人麻木"的活动，比如健身、看电视以及其他很多我们每天都做的事。
- 重视掌控感。
- 强迫自己挑战极限。
- 计划一切。

---

[1] 原标题为：If You Have These 7 Habits, You Might Have High-Functioning Anxiety。——编者注

我曾想：难道这个作者从来没有遇到过为人父母的人？事实上，在养育人类幼儿时，上述每一种情况都可能会发生。尽管如此，我依然希望你根据上述 7 种习惯来衡量你自己的焦虑水平。我也希望你能花几分钟时间想一想自己的父母和祖父母：你记忆中的他们可怕吗？他们有没有对你过度控制或过度保护？他们是不是抱有阴谋论的人生观？你现在在对待你的孩子时，会不会出现类似的状态？如果你的孩子正努力应对焦虑，以上这些重要的问题都值得你思考。从遗传学角度来看，如果你或其他家庭成员患有焦虑症，那么你的孩子很可能也会焦虑。从环境心理学角度来看，如果你或其他长辈患有焦虑症，那么你们可能会在不知不觉中创建了一个让你的孩子容易陷入焦虑的环境。

示范效应的影响

遗传影响会让人产生特定的行为倾向。比如，如果你家有人酗酒，这虽然并不意味着你会酒精成瘾，但确实意味着，在一定情况下，你染上酒瘾的可能性较大。为了不接触酒精，你可以一辈子不进酒吧。但相比于酒精，焦虑就更加无孔不入了，它很可能会隐秘地侵袭你。

人的大脑中有一种被称为镜像神经元的细胞。镜像神经元会在人进行或观摩一项活动时进入激活状态。通过镜像神经元，你的孩子会观察你系鞋带，继而自己学会系鞋带。以同样的方式，她会学会投篮和滑水。你也会通过镜像神经元学会做饭。而镜像神经元的存在也是焦虑可以传染的原因。

事实上，镜像神经元在婴儿刚出生时就开始发挥作用了。临床心理学家威廉·斯蒂克斯洛德（William Stixrud）和心理激励教练奈德·约翰逊（Ned Johnson）在他们合著的《自驱型成长》一书中写道："与父母处于平静自信状态的时候相比,婴儿在父母处于重重压力中时更容易哭闹,且显得更加烦躁。"镜像神经元在孩子的成长过程中会一直发挥作用。例如,在你的孩子入学的第一天,你可能会担心地绞扭双手;在她第一次钢琴演奏会前,你可能会紧张地来回走动。孩子把你的行为表现看在眼里,大脑中的镜像神经元开始激活。她不仅会模仿你的举动,还会感受到你的大脑和焦虑传递出的压力。我的一位朋友在我们合著的《我的孩子跑偏了吗?》(Are My Kids on Track?)一书中写道:"孩子从观察中学到的东西比从听到的信息中学到的东西多。"镜像神经元的作用,就是身教大于言传的原因之一。

孩子会模仿父母的行为。她们的神经元在发挥作用时,也会模仿父母的神经元的运作模式。同时,她们还可能会听到父母在害怕时说的话,也可能观察到父母应对挑战时所用的方法。研究人员对受到社交焦虑困扰的妈妈们进行了研究,他们发现,相比于没有社交焦虑的妈妈,受社交焦虑困扰的妈妈更容易对面临的威胁做出灾难性评价。也就是说,当她们遇到威胁时,她们会反应强烈,夸大威胁的影响,高估困难、低估自己。对想变得和自己的父母一样的孩子来说,她们不仅会与父母说同样的话,还会在父母的示范下,采用同样的视角来看问题。

养育风格的影响

由于遗传的影响,人会产生特定的行为倾向。成年人的所作所为对孩子具有示范效应。经过长年的重复,这些行为就会形成一种养育风格。例如,当你出现焦虑倾向时,你在生活中行事时都会表现出焦虑,即使有时你是无意为之。你做出了焦虑状态的示范,最终会发展出一种焦虑型养育方式。

《华尔街日报》的专栏作家安德烈亚·彼得森(Andrea Peterson)称,

第 2 章
女孩为什么容易"中招"

研究表明，过度保护和过度控制这两种主要的养育风格与儿童的焦虑相关。过度保护和过度控制源于两种不同的潜在动机，但它们给女孩带来的影响大体一致。

过度保护孩子的父母，他们自己往往也遭受过焦虑困扰，而且很可能是在童年时期。带女儿找我咨询的父母常对我说的一句话是："我不想让孩子体验到我小时候的感受。"父母们不想让孩子遭受令人手足无措的恐惧困扰，并远离可能会带来恐惧和无力感的场景，变得勇敢坚强。于是，他们试图拯救孩子，帮她们解决一切问题，助她们躲避一切"危险"之境。

但问题是，当父母在拯救孩子时，向孩子传递的信息是她们需要被拯救。父母在告诉孩子，目前的状况很危险，她们没有能力应对。还记得前文提到的高估困难、低估自己的思维模式吗？父母在不经意间强调了这一点。从本质上来说，这些父母无意间在"鼓励"孩子依赖自己，而不是学会独立。但正如前文所讲的，所有的孩子都渴望独立。父母用某种方式应对焦虑，并不意味着孩子也要用同样的方式。孩子渴望独立，而且她们也应该如此。

我的朋友帕里斯·古德伊尔-布朗（Paris Goodyear-Brown）是一位受人尊敬的焦虑症治疗师，同时也是《忧虑的战争》（*The Worry Wars*）一书的作者。有一天，她来到我们咨询部为员工做演讲，主题是"儿童与焦虑"。她的演讲归根结底是说："为了战胜焦虑，孩子们必须得挑战一些可怕的事情。"读到这里，你的焦虑水平是不是开始飙升了？我将在下一个版块对她的这个建议展开论述，并给出一些实用的思路，以便你支持你的孩子完成一些让她害怕的任务。但我想要指出的是，当你对孩子过度保护时，你的焦虑更多的是源于你自己，跟她的关系其实不大。我每周都会接待一些父母，他们认为自己的孩子"还没有准备好"完成特定的任务。实际上，没有准备好的是他们，因为他们担心孩子会因此受到伤害。在这个世界上，孩子们终究会遇到困难，而正是这些困难给他们带来了成长的机会。

此外，过度保护其实行不通，它并不能消除孩子们的恐惧。有研究发现，父母在孩子的演出任务中参与得越多，孩子在正式演出前反而会更加焦虑。孩子仍然必须做令她们害怕的事。被保护的孩子变得更需要父母的保护，她们还会因此获得父母更多的关注，这对她们来说是一种额外的收益。一个十几岁的女孩曾对我说，当她的急性焦虑症发作时，她感到自己与妈妈的关系比其他任何时候都亲近。她说："如果我让自己变得彻底焦虑，可能妈妈就会更温柔地对我。"

接下来，我们来聊一聊过度控制孩子的父母。这样的父母一般最终也会过度保护孩子，但他们这样做的原因是，他们认为孩子能力不足，不想让孩子感到害怕，也不想让孩子失败。他们的孩子可能同时受到注意缺陷多动障碍和焦虑症的困扰，可能在社交方面存在障碍，也可能在学校里表现出格。但坦白说，有时是这些父母自身的问题，他们其实并不想控制一切，但他们不能自已，认为一旦孩子失去自己的控制，事情就会一发不可收拾。

过度控制同样行不通。如果你帮助你的孩子解决了问题，她就无法发展出解决问题的能力。在我看来，这是焦虑症的最大威胁之一。2006年，加州大学洛杉矶分校的一项研究发现，当孩子正在进行一项任务时，父母加以干涉，或孩子本可以自己完成，而父母干涉进来，那么孩子成功完成任务的能力将会受到限制，他们还可能会出现严重的分离焦虑。另一项研究发现，当被告知孩子玩拼图游戏可能存在障碍时，父母会更多地加以干涉；而当被告知孩子会觉得拼图游戏很好玩时，父母则很少干涉。

第 2 章
女孩为什么容易"中招"

因为父母会担心。父母可能认为孩子太辛苦或没能力，于是就介入了。在介入以后，孩子可能就退出了，或依赖父母，并不断地向父母寻求确认。这是一种自我实现的预言。父母预计孩子不行，所以最终解决问题的是父母，而孩子从没学会解决问题，所以她们变得能力不足。于是，父母控制得更严格了，且在这个过程中，还会时而批评孩子。还有一项研究发现，患有社交焦虑症的父母不仅会对孩子的能力表现出更多的质疑，同时对孩子也更加严厉，且吝于给予孩子更多的温情。

在《如何让孩子成年又成人》[①]一书中，作者朱莉引述了玛德琳·莱文（Madeline Levine）博士的一段演讲。莱文博士指出，父母通过3种途径对孩子进行了过度养育，包括过度保护和过度控制，并不自觉地对孩子的心理健康造成了伤害：

- 为孩子做一些他们已经可以自己做的事。
- 为孩子做一些他们基本可以自己做的事。
- 养育行为来自自我的驱使。

但无论如何，时犹未晚。在孩子的焦虑问题上，你现在就能扭转现状，具体方法参考后文相关内容。不过，要想让孩子学会解决问题，你首先要停止帮她们解决问题。她们必须学会做一些让她们害怕的事，而这需要你和她共同努力。你作为父母，需要走在前面。

耶鲁大学研发了一种新的疗法，叫作SPACE，即儿童焦虑情绪的支

[①] 本书为3~16岁孩子的父母提供了一整套养育观念及实用方法，让父母摆脱过度养育陷阱，中文简体字版已由湛庐引进，四川人民出版社出版。——编者注

持性养育，它的意思是通过养育方式为儿童应对焦虑情绪提供支持。在这种疗法中，参与治疗的只有父母，他们会学习如何接纳孩子的焦虑情绪，如何向孩子表达自己对她们的信心，以及如何正视和应对自己的恐惧和不适感受。此后，心理诊疗师会教这些父母如何逐渐地帮助孩子挑战令他们感到害怕的任务。

遭遇焦虑问题的孩子通常会认为自己不如别的孩子。她们认为自己能力不足、毅力不足，进而失去希望和信心。她们对其他人缺乏信任感，也不太相信自己的直觉。她们感觉自己对周围环境和自己的情绪都缺乏控制力。她们自认为低人一等，而这种感觉会让她们对忧虑习以为常。

焦虑的孩子希望获得安慰和确定性。但由于她们自认为低人一等，因此二者均得不到，她们只能指望父母的帮助，父母是她们唯一的安全港湾。一旦有机会，她们就躲在父母的身后，让父母来替她们解决问题，以及打败忧虑怪兽。而忧虑怪兽本应该由她们自己来打败。同时，父母或许也需要和她们并肩作战，抗击自己内心的忧虑怪兽。这个过程有时令人恐慌。父母爱孩子，当然想要保护她们、照顾她们。有时，父母心里所有的声音都在说：我想帮帮孩子。

现在，你可能已经做好准备，迫不及待地想要知道我的研究成果。不过，在介绍之前，我还需要做些补充。《自驱型成长》一书中引述的一份报告称：(父母)除了向孩子表达爱与温情，控制好自己的压力是让家庭教育变得有效的最佳方法之一。我认为，这么做不仅能让父母的教育行之有效，还能给孩子赋能。当父母控制好自己的压力以后，会给孩子做出示范，让她们相信她们也可以控制好自己的压力。父母教会了孩子认识自己的能力：原来自己比想象中更勇敢、更坚强，且更有智慧。当父母给孩子机会解决自己的问题时，孩子通过发挥自己的聪明才智，挑战原本让她们感到害怕的事情，进而会发现自己的无尽可能。父母发展出的这种养育风格反映了他们对孩子的信任，孩子将在人生的旅途上得到守护，获得帮助。记住，希望长存。

更好地了解焦虑

1. 你孩子的焦虑可能来自她对事物过于在意。对她来说，有些事很重要，但可能让她的生活变得艰辛。她不知道该如何放下。

2. 焦虑症是当代儿童面临的最主要的精神健康问题。

3. 女孩患焦虑症的概率比男孩大，但因此接受治疗的女孩人数却比男孩少，因为她们的焦虑常常被人忽视或误解。

4. 女孩在生活中会感受到无尽的压力，这些压力有时来自她们所处的社会和文化环境，有时来自社交媒体，有时则来自她们对自己的期望或他人对她们的期望。她们的压力常常会转化为焦虑。

5. 女孩的童年被缩短了一年半。

6. 科技产品和社交媒体不但加剧了当代女孩的压力，且据大量科学研究显示，二者也在很大程度上导致她们产生焦虑。她们需要在他人的帮助下逐渐学会负责任地使用科技产品。

7. 我们希望赋予女孩应对压力的能力，也希望帮助她们更加重视努力的过程，而非成功的结果。

8. 由于女孩想要取悦他人，又对自己的焦虑情绪认知不足，因此她们的忧虑可能会被人误解。她们的外在表现常常与内心世界不符。

9. 有的女孩倾向于向外爆发情绪，把焦虑发泄到他人身上；有的女孩则倾向于内心崩溃，自己承受焦虑。

10. 15%～20%的儿童有焦虑倾向，包括天赋异禀的孩子和天生带有消极偏见的孩子。

11. 我们希望以有利于心理健康的方式，帮助女孩从悲痛和创伤中走出来，比如为她们提供安全港湾，向她们提供帮助，防止她们的创伤演变为焦虑。

12. 如果父母一方有焦虑问题，那么他们的孩子罹患焦虑障碍的概率是其他孩子的 7 倍。

13. 在导致儿童焦虑症的因素中，遗传的影响只占 30%～40%，其他因素还包括性格、生活经历以及父母的示范效应和养育风格。

RAISING WORRY-FREE GIRLS
更好地了解自己和孩子

- 你认为是什么导致你的孩子焦虑？
- 你认为焦虑症为何如此广泛地影响着当代儿童？女孩为什么更容易焦虑？她们的焦虑为什么更难被人发现？
- 孩子承受着哪些压力？你对她有哪些下意识的期望？她对自己有哪些期望？
- 科技产品和社交媒体对你的孩子有哪些影响？你有哪些办法可以帮助她学会负责任地使用科技产品？
- 你的孩子在焦虑时会有哪些表现？她更像情绪爆发者还是更像情绪崩溃者？你呢，又是哪一种？孩子的哪些气质导致了焦虑？
- 你是否认为某些生活经历使孩子产生了焦虑？这些经历只与她自己有关，还是与家庭有关？她是如何应对这些生活经历的？
- 你是否有与焦虑症相关的家族史？你在成长过程中是否有过焦虑？
- 在孩子面前，你是如何谈及并示范自己应对焦虑的策略的？
- 你的养育风格会不会在某些方面导致孩子产生焦虑，而此前你并未察觉？
- 现阶段，有哪些事情是她可以自己完成，但你仍在替她完成的？

第 3 章

当焦虑成为普遍现象,我们该怎么办

写到这里，我真心希望你和我正一起坐在咨询室里，我们可以开开玩笑，感叹父母面临的压力一点儿也不比孩子少，至少孩子可以在课间休息，还能在体育课上放松放松。

在超过 25 年的心理咨询职业生涯中，我接触了无数个女孩，她们让我知道焦虑症已经广泛蔓延。而在过去的 3 年中，我又有了新的发现：焦虑已经成了一种"潮流"。

感知力太强有时也是种负担

在过去的多年间，美国的很多女孩都在戴脚踝矫正器。实际上，并不是每一次肢体受伤后，人都需要戴矫正器。这就像不是每一次出现小伤都需要贴创口贴，而孩子们偏偏喜欢贴一样：他们只要受一点儿伤，就希望让所有人都知道，加上伤口本来可能就有点痛，于是他们就贴上一张甚至好几张创口贴。在长大一点儿以后，他们有时可能会从自行车上摔下来，这时就"需

第3章
当焦虑成为普遍现象，我们该怎么办

要"在胳膊肘上缠绷带。上了初中以后，他们开始参加一些竞争性运动，不时地会出现一些小伤小痛，父母不得不为他们处理伤口。如此一来父母很快就明白了，不是每次孩子受伤后都需要看医生。当他们在学校里行走时，戴脚踝矫正器确实很有帮助，穿矫形靴当然更有效。他们甚至可以在药店买到看起来很酷的运动损伤胶带。营销商们显然很了解这些孩子的心思，聪明地把胶带制作成了荧光色，以吸引孩子们购买，尤其是女孩。

很多时候，女孩们贴创口贴、戴脚踝矫正器或穿矫形靴是出于实际的需求，但也有一些时候，她们这么做可能是内在伤痛的外在表现：她们内心感到不确定和不安全，且对自己在世界上的角色处境感到不自信；也可能是她们感到焦虑，却不知道如何表达。无论女孩们的内心是怎么想的，她们都在通过戴脚踝矫正器等方式来表达自己更多的需求。她们不一定是在寻求关注，但的确有这种可能。她们希望被看见、被了解和被爱。这就像如果你在肩膀上缠一根荧光带，那么你会更容易被看见，是一样的道理。

这些女孩可能在为自己的感知力问题而烦恼。在《我的孩子跑偏了吗？》一书中，我和同著者建议把感知力等级划分为1～10级。我曾开玩笑说，从我在工作中接触的许多女孩来看，也可以把感知力等级称作"冲突值等级"。在日常生活中，成年人感知到的情绪一般只在第2级到第7级，极端情况比较罕见。但对一些女孩（包括某些男孩）来说，每件事都是10级大事，甚至等级更高。比如，她们可能会认为自己的老师是"世界上最刻薄的老师"，她们度过的某一天是"这辈子最糟糕的一天"，又或者宣称"当时我气疯了，气得都没脑子了"。对这样的女孩来说，感知力的培养是她们在成长过程中需要经历的一件大事。

简单来说，你可以这样用"冲突值等级"来帮助你的孩子：当她处于平

静状态时，让她评价一下自己目前的冲突值等级，然后让她想象一下10级、7级及3级又分别是什么样的水平。当她下次说很极端的话时，比如她说"我的朋友讨厌我，永远都不想和我说话了"，你首先需要回之以共情，听完她的倾诉，然后让她衡量一下自己当前的感受，比如问她："听起来你度过了很糟糕的一天。你认为你现在的感受到第几级了？"

在美国，当今社会的感知力问题比以往更错综复杂。在我的成长阶段，哪怕遇到10级的情绪问题，我至多会对父母说："我要离家出走。"而这些年来，没有一个孩子会说这样的话了，他们现在很可能会说："我要自杀。"而且，他们不只是说说而已，还会实际去做。医生兼记者佩里·克拉斯（Perri Klass）曾表示，过去10年间，美国的医院接诊病例中，青少年自杀的比例翻了3倍，"自杀率增长最快的人群是处于青春期的女孩"。

我几乎每天都会接待认为自己患有精神疾病的女孩，如抑郁症、与焦虑症相关的惊恐障碍、创伤后应激障碍或强迫症。我注意到，在过去的一年内，每当我询问新的来访女孩"你为什么要来找我咨询"时，她们往往会列出自认为适用的精神疾病范围，从重度抑郁症到广泛性焦虑症，好像她们把网上查来的术语都记熟了。

这些女孩中的大部分人确实备受煎熬。我之前从没见到过这么多因为焦虑症或抑郁症而病弱无力的孩子，也从来没有转诊过这么多孩子，因为我担心如果她们不去医院，就会有自杀风险。此外，还有一些孩子想展示她们内心的伤痛，她们会用一些意义很严重的词语来表述自己强烈的感受。

有一个曾找我咨询的名叫格雷西的高一女生，她一开始先向我描述了她的抑郁症状，后来开始搬出专业的医学术语，问我是不是认为她患有抑郁

第 3 章
当焦虑成为普遍现象，我们该怎么办

症。我并不想在她还没有被诊断为抑郁症时就下结论，所以我当时没回答这个问题，而是继续倾听。她接着对我说："我的朋友艾莉森正在吃抗抑郁药，她看起来好了很多。"

这就是我担心的地方。据我判断，这个女生确实可能患有轻度抑郁症。但是，如果一个孩子并未严重到需要医学诊断的状况，我认为做出诊断对她并没有好处。孩子会在成长过程中不断地找寻定义自己的方式，尤其是青少年。我不希望"焦虑症"、"抑郁症"、"饮食紊乱"或其他某种疾病症候成为定义他们的标签。但是，格雷西的生活环境让她的经历听上去显得合情合理。

格雷西是一个待人友好的孩子，且善于倾听。她也是我认识的高一学生中最励志的孩子之一。她希望能让自己认识的每一个人都感受到爱。她陪伴好几个朋友走出了抑郁或试图自杀的危机。去年秋天，她自己也陷入了挣扎。我觉得，这是因为善良的她已经负重前行太久了。格雷西开始经历一段艰难的时光，但她身边没有一个朋友可以听她倾诉，至少不能像她曾陪伴她们那样充满同情和耐心。所以，格雷西需要一些意义宏大的词语来唤起朋友和周围人的注意，并告诉她们有些事情真的可能不对劲儿。这些人对格雷西的忽视也正好诠释了我的担忧：如今的女孩缺乏对情绪的感知力。

格雷西的妈妈是位聪明的女性。我把她带到了我的办公室，让她听格雷西讲一讲自己过得多艰难。格雷西的妈妈坐在沙发上，转身面对着她，并把手搭在她肩膀上，善意而富有同情心地听她讲述。在妈妈面前，格雷西提到了"抑郁症"这个词，甚至暗示她认为自己需要吃抗抑郁药。她的妈妈充满智慧地回答道："格雷西，我与你同在。你过得这么艰难我也很伤心，我为你感到担心。我知道你感到很孤单，好像一切都不会再变好了，你的朋友也

没能如你所愿地给予你支持和陪伴。但你并不孤单，你还有我呢。我知道你现在正在经历深深的悲伤。我理解你的悲伤。我想让你知道，任何时候你想跟我聊一聊你的心情，我都愿意倾听。不过，我不希望这份深深的悲伤让你感觉自己抑郁了。昨天，我看见你和亚力克西斯一起大笑，你真的需要多笑笑。还记得今年夏天我们一起去爬山吗？你当时很开心。如果你真的得了抑郁症，你就不可能时不时地好转并享受那样的快乐时光了。你的悲伤有时会消失，又可能会复返。我希望你多跟我聊一聊你的伤心事，我相信你的感受都是真实的，而且你很难从中走出来，但我不希望你因为悲伤而遭受过多不必要的困扰。另外，我希望你永远不要放弃。"

我多想用视频记录下格雷西的妈妈说这段话时的场景，那样我就可以每天播放给来找我咨询的女孩们看了。在咨询过程中，格雷西的母亲发挥了很大的作用，她传递的思想值得女孩认真思考：你的痛苦很重要，但你不需要通过夸大它，来让我倾听你的心声并认可它的真实存在。

一些女孩曾对我说，没有人愿意真正地倾听她们，除非她们患有焦虑症、抑郁症或出现自残行为。我们需要认真地倾听她们，认可她们的感受，并帮助她们找到合适的言辞来表达强烈的情绪。我们可以用"冲突值等级"来向她们展示，她们的情绪很重要，同时还可以以感知力为基础来看待问题。说到这里，我们也需要用合适的言辞来描述自己的感受。我们是不是经常在形容自己或他人时说出一些极端夸张的话？以我为例，每次我找不到手机时，就会犯惊恐障碍。

这种用夸张的言辞来表述强烈感受的倾向，会带来一种风险，就是判断力不足和知识欠缺。比如，当你的孩子用了一个"大词"——说她在学校被人"欺负"了，你可能以为真有那么严重，而实际情况或许只是她的好友那

第 3 章
当焦虑成为普遍现象，我们该怎么办

一天选择和另一个孩子玩，而没有和她玩。一位妈妈曾对我说，她的孩子正在度过人生中最艰难的一年，而她讲的实际上只是一些我认为在中学生之间常常会发生的冲突而已。最后她说："今天是她这一年里最糟糕的一天，她出门居然踩到了狗屎！"

狗屎很臭、很恶心，但比狗屎更恶心、足以毁掉美好一天的事情还有很多。在冲突值等级中，踩狗屎连 3 级都达不到。我至多把它算作 1 级，也许它只有 0.4 级。

别跟着孩子一起过于关注冲突值等级，也无须担惊受怕，而是要记住，她讲的故事往往有另一面。她可能只是用了些"大词"来吸引你的关注。

有焦虑问题的女孩会高估威胁与困难，而低估自己的能力。因此你会发现，当一个人缺乏正确的认知时，他会同时夸大问题的两种极端情况。我们希望能赋予女孩们力量，让她们把困境视作学习的机会。一方面，我们要认可她们的感受；另一方面，我们希望帮助她们认识到，她们勇敢、坚强且充满智慧，不会被生活的任何重击打倒。

一些失败的对抗焦虑的方法

目前，本书讨论的基础是，女孩生活在一个充满焦虑的时代。焦虑已经融入了孩子们的语言，渗透进了他们的文化，成为校园同辈压力的来源之一，就像在体育运动和艺术创作上的表现一样互相比较。他们在忙于锻炼身体、提高学习成绩、结交朋友的同时，也展示了他们的焦虑也是他们生活的一部分，尤其是通过社交媒体。焦虑简直已经刻在了孩子们的基因里，女孩们尤甚：她们想要尽善尽美、招人喜欢，也想满足自己和父母的期待，不让任何人失望或受伤。她们承受得太多了。

问题在于，焦虑无法靠努力来控制。你试过停止焦虑吗？其实，这就像刻意要忘记某件事一样，是徒劳的。

几年前，我曾和一个朋友聊天，她是一名唱片艺人。她对我说，医生告诉她，清嗓子会对她的声带造成严重影响。你知道当我听了她的话以后，我立马想做的事情是什么吗？就是清清我的嗓子。读到这里，你的嗓子是不是也开始痒痒了？

这种现象其实是有科学依据的。俄罗斯文坛巨匠陀思妥耶夫斯基在他的散文集《冬天里的夏日印象》中谈论了这种现象：

> 现在，给你自己一个任务：不要去想北极熊，你会发现这该死的北极熊的形象分分钟就会出现在你的脑海中。

这种现象听起来是不是很像前文提到的"侵入性思维"？1987年，哈佛大学的教授兼社会心理学家丹尼尔·韦格纳（Daniel Wegner）[1]证实了这个理论。他发现，一个人越希望抑制某个想法，这个想法反而越活跃。

曾几何时，你也许曾试图忘掉令你心神不宁的想法，但很可能并没有

---

[1] 韦格纳在《人心的本质》一书中，融合社会心理学、道德心理学的前沿研究，提出了一个极简思维工具——心智知觉地图，可用于透视人类社会与行为的诸多问题。本书中文简体字版已由湛庐策划并引进，浙江教育出版社出版。——编者注

第 3 章
当焦虑成为普遍现象，我们该怎么办

用。不过，无论如何，你依然会告诉你的孩子，让她别再总想着会呕吐或别再担心考试的事了，又或者让她不用害怕旅途中会有坏事发生。然而，这并没有用。她也许会为了取悦你而不再谈论令她忧虑的事，但她并不会真的停止忧虑，这会使事情变得更糟，而你也不再能知道她心里的想法了。你想要做的是帮助她找到克服焦虑的方法，而不是希望她把焦虑都掩藏起来。

很多与焦虑作斗争的女孩的父母很沮丧，都来找我咨询，比如：

我们没法对她晓之以情、动之以理。
我们跟她说一切都会变好的，但她并不相信。
在她非常沮丧的时候，我们没办法和她聊，不能帮她摆脱这种情绪。
一旦她开始担心，就好像失控了一样。她会变得越来越不理智，越来越歇斯底里。最后，我们会起冲突、崩溃，并吵架。

此时，逻辑行不通了。试图和她们理论也不起作用，惩罚更是不起作用。她们越是尝试不再焦虑，焦虑反而越严重，进而感觉受挫、沮丧。父母也会跟着一起沮丧，甚至对她们失望，而这同样也起不到作用。

我每天都在和这样的父母交流，他们感觉自己已经被孩子的焦虑控制了。他们想了各种方法避免可能让孩子产生焦虑的事情发生。他们会耐心地回答孩子的假设性问题，应对孩子作呕的冲动，并安慰她们、哄劝她们、接纳她们。《焦虑与忧虑手册》（*The Anxiety and Worry Workbook*）的作者戴维·克拉克（David Clark）和阿伦·贝克（Aaron Beck）认为，父母和孩子最常使用的两种控制焦虑的方法分别是逃避和回避。但这两种方法都不管用，即使管用，持续的时间也不够长，反而还会让忧虑怪兽更加强大。

这些女孩没有学会控制焦虑，与此相反，焦虑继续控制着她们，她们的家人可能都筋疲力尽，垂头丧气。一位妈妈曾对我说："现在，焦虑已经不是我女儿一个人的问题了，而是我们全家的难题。"

在谈论了反面案例及行不通的方法之后，接下来，我将谈论积极的方面，这也是本书的重点：如何行之有效地帮助女孩们驯服忧虑怪兽。

专业的心理疗法是治愈焦虑的良方吗

提到心理疗法，你可能听说过认知行为疗法、辩证行为疗法、情绪取向疗法、眼动脱敏与再加工疗法，这些是现在被广泛使用的几种疗法。和很多事物一样，不同的心理咨询方法也经历兴衰。对于以上以及其他疗法来说，它们分别有特别适用的情形和背景。

根据布丽奇特·弗琳·沃克的判断，关于认知行为疗法的研究与实证最多。该疗法的名称就揭示了它的前提：人的思维方式会影响人的感受，从而影响人的行为。因此，如果一个人改变自己的思维方式，不仅能改变其心理感受，还能改变其行为模式。

认知行为疗法对各个年龄的人都有帮助，包括幼儿。有个叫阿比的女孩从9岁起就开始找我咨询，我当时很快就发觉她非常聪明。听她的父母说，他们家有焦虑症家族史，阿比的妈妈大半生都在与焦虑症作斗争。阿比在找我之前，她已经遭受了好几年的焦虑困扰，并反映在她的思维和行为上，但她的父母并没有将其联系起来看待。为了克服焦虑，阿比努力把每件事都做好，以此来让父母开心。然而，当她来找我咨询时，她的焦虑已经慢慢地影

第 3 章
当焦虑成为普遍现象，我们该怎么办

响了她的思想、感觉与行为。

需要简单解释一下的是，专家们并没有对焦虑症的始发年龄形成一致的判断。多年来，我通过阅读资料及在咨询案例中发现，焦虑症往往可能从 8 岁就开始了，而一些研究人员认为是从 11 岁开始的。我也确实发现，在 11 岁遭遇焦虑困扰的女孩更多，她们的症状也更明显，主要原因可能是她们开始进入青春期。根据最新的报道，焦虑症的平均始发年龄已提前至 6 岁！

阿比最初来找我咨询的原因是分离焦虑。在几个月内，我们一起尝试理解她的焦虑，学习使用认知行为疗法来打败她的忧虑怪兽。她尝试了呼吸练习、放松练习和其他一些基础方法，对于这些方法，具体可见下一章的内容。阿比了解到忧虑怪兽是如何在她脑中作怪的，她如何能把它控制住。在咨询疗程结束以后，她感觉自己更强大了，可以控制她的忧虑怪兽了，而不是被它控制。

但过了两年以后，阿比的父母又带她来见我了。这一次，她说令她感到恐惧的事情变了。原本她们全家计划了一次出游，而阿比突然对坐飞机产生了恐惧。对于她的焦虑状况的反复，我其实并不感到意外，因为焦虑症状总会时不时地出现。第 1 章曾提到，焦虑的发生与孩子的成长发育密切相关。引发女孩焦虑的缘由以及她们所焦虑的对象，会随着她们的成长而变化。我们的目标是帮助她们掌控焦虑，而不是找到所谓的神奇秘方。我常常对第一次来咨询的父母说类似我跟阿比父母说的这段话："阿比在一生中总会应对不同程度的焦虑。她聪明认真，关爱他人。但她无法改变的是，她对生活中发生的事情会很在意。所以，可能永远会有不同的焦虑围绕着她。好在她可以找到击退它们的办法，而且每经过一次战斗，她都会更加轻松地取胜。"

067

阿比重新被焦虑困扰，并不代表前面的心理咨询是无用功。利用之前掌握的方法，她知道如何更好地应对再次出现的焦虑。她了解且可以识别忧虑怪兽的伎俩，在她的父母和我的帮助下，她开始和忧虑怪兽进行较量。其实，这一次是她自己主动要求来找我咨询的，她对她的妈妈说："妈妈，我觉得我的焦虑又严重了，我们可以再去咨询一下吗？"

在这次心理咨询中，我们主要关注的是阿比能借助哪些办法来克服对坐飞机的恐惧。我建议她一边使用放松技巧，一边设想：她在某个清晨乘坐了飞机，飞机起飞后又降落。我们交流了最令她担心的事，并查询了航空安全方面的数据。我们又设想了一些她在焦虑时可以用来帮她重新集中注意力的事情，比如数数（如从100开始每隔7个数倒数）或色彩游戏（如找到视线范围内某种特定颜色的东西）。阿比改变了自己的思维方式，从而影响了她的感受，并因此改变了她的行为。

此后一年多的时间里，我没有见过阿比，她与她的父母成功地乘飞机出行了多次。不过我猜想，今后她可能还会再来找我的。她的焦虑还会反复，但我预计她下一次的焦虑程度会更轻，而且她也会更快地知道如何控制它。或许到时候，她不需要我的帮助也能记起应对焦虑的办法。她掌握的技能以及后文将介绍的某些方法都源自认知行为疗法，它们可以用来对抗各种形式的焦虑，无论这些焦虑如何反复。

在我写这本书之前，我开展了研究，并阅读了20多本相关的图书。每一本书都提到，每个人都会经历不同程度的焦虑，都会面对或强或弱的忧虑怪兽。女孩大脑的可塑性在童年时期最强。她们现在拥有很好的机会来学习和掌握打败忧虑怪兽的方法。你是不是也曾想过，要是自己在童年时期就掌握了这些方法该有多好？如果那时你有所锻炼，虽然你仍会不时地产生焦虑情绪，但你可以通过更多的练习和更长的时间来积累对自身能力的信心。

在开启下面的讨论之前，我想重申一点：我不相信任何人的焦虑能被"治愈"，因为焦虑与人的自身性格和禀赋息息相关。前文提到的阿比可能总是爱操心，因为她聪明敏感且认真负责。你的女儿可能也是如此，这也是她的一种天赋。直面恐惧的勇气是一种智慧，彻底无畏的勇气则是一种灾难。面对恐惧，阿比收获了强大的智慧和勇气。你也可以帮助你的女儿实现这一切。

父母可以从这些方面帮助女孩

在本书中，我会介绍多种认知行为疗法，其中一些方法你可以自己练习，也可以带你的女儿一起练习，帮助你们改变思维习惯，进而改善你们的感受和行为。此外，我们还需要挖掘导致你的女儿焦虑背后的原因。多年来，我观察到，易于焦虑的孩子通常会在一些关键时刻产生焦虑情绪。

例如，某对夫妇的长女在注意到他们之间的争吵增加后，生发出一种对怪物的恐惧。但他们却没有意识到她悄悄地听见了他们的争吵，并留意到他们在用餐时怒目相视。

另一家的一个女孩在得知哥哥确诊癌症以后，突然对自己的成绩感到焦虑起来。而她的父母平时并没有对她的学业施压，她总是能自觉地做好。她其实可以掌控自己的成绩，而对她哥哥的癌症却无计可施。

还有一个女孩在第一次参加戏剧课时，被老师当着同学的面责罚了，在那之后，她突然对出现在公众场所产生了恐惧，便不愿意再出门了。

决定一个孩子什么时候可能陷入焦虑的因素，不仅在于其年龄或其体内的激素水平，同时也在于其内心在意的事，当然还有信仰的影响。人的忧虑与自身的身体、精神、情绪和信仰息息相关，有时正好由某个方面引发，忧虑怪兽会由此开始对人生活的各个方面施展阴谋诡计。

焦虑常常先影响女孩的身体，导致她们的神经系统运转过快，以至于她们无法对抗忧虑怪兽。她们的大脑产生了"或战或逃"的应激反应，导致她们丧失逻辑和理智。她们无法说服自己摆脱焦虑，他人也说服不了她们。如果能给她们提供一些方法，使她们的身体平静下来，那么当她们意识到忧虑怪兽再次侵扰时，她们就能更清醒地思考并击退它。

根据认知行为疗法理论，女孩的思维习惯是忧虑怪兽接下来会攻击的主要方面。由于忧虑怪兽有很多屡试不爽的伎俩，它会让女孩觉得自己面对的困难太大，而自己又太弱小，因此无法应对它。对此，我会在下文探讨忧虑怪兽的几种特定伎俩以及女孩如何武装自己并与之抗衡。由此一来，她们会在焦虑的混乱与嘈杂中听到自己更响亮、更有力的声音。我还会介绍如何在每个回合打倒忧虑怪兽的方法。

接下来，忧虑怪兽会把魔爪伸向女孩的内心。它如影随形，在她们最脆弱的时候趁虚而入，并试图恐吓她，让她认为自己软弱无能。这时，女孩会想躲藏起来，我们需要做的是为她们提供保护。我们要提醒她们，她们的能力是天赐的，同时希望她们检视自己的内心，找到勇气。然后，我们需要帮助她们制订计划，直面让她们恐惧的事物，她们会因此发现自己的勇气超乎想象。

最后，我们要帮助女孩识别忧虑怪兽的真面目。这样一来，当忧虑怪兽再次冒出头时，女孩就有坚实的底气去击败它。她们的信仰会成为她们最强大、最坚实的武器，她们也会平静而坚定地永葆希望。

在后文中，我会解析忧虑怪兽最常用的伎俩，并介绍对抗它的工具。此外，我还会分析不同类型的恐惧。当下，你的孩子具体在害怕什么并不是那么重要，重要的是她的焦虑对象会随着时间的推移和她的成长而变化，她的焦虑水平也会出现波动。不过，你们掌握的工具将适用于对抗各种类型的焦虑。与忧虑怪兽作斗争可能会是你和你的孩子经历的最艰难的一场战役，而她将是主力战将。

需要留意的事项

现在，假设你和你的孩子来找我咨询。在第一次咨询结束后，我们相对而坐，你坐在沙发上，我坐在椅子上。我的小狗露西躺在咨询室的一角，它很乐意与你的孩子多待一会儿。你的孩子已经准备好改变自己的境况，与忧虑怪兽大战一场。你也准备好了。你们现在对她的忧虑有了更深的了解，她开始得到真正的帮助。在我们与她携手同忧虑怪兽抗争时，以下3件事需要牢记。

第一，这场抗争是你的孩子的任务，不是你的。你还记得前文介绍的很多她能做的事吧？你要学着教导她，帮她武装起来，做好抗争准备，但与忧虑怪兽的抗争终究是她自己的事。无论你多么想亲自上阵，都无法替她抗争。她需要自己面对这件可怕的事，你必须放手让她去做。你可以陪在她身边，为她迈出的每一步加油鼓劲，这有助于提高治疗效果。但是，她仍然需要自己完成使命，只有她自己赢得了抗争，才能收获回报。实际上，她越忧虑，克服了恐惧后，就越自信。如果你代她"出战"、容她逃避，就剥夺了她这份难能可贵的自尊与勇气，这一定不是你想要的。

第二，熟能生巧。这是我在与忧虑怪兽抗争的话题上一直都想要强调的一点。这场抗争推进的过程往往是进三步退两步的艰难跋涉。忧虑怪兽仿佛是躲藏在你的孩子心智中最难对抗的敌人，因此为了与之抗争，她不得不拥有坚韧不拔的斗争精神。你要鼓励她每天练习，也要为她迈出的每一步喝彩，并肯定她迈步的过程，而不是进步的结果。在这场抗争中，她每迈出一步，都是朝着追寻勇气进发了一步。

第三，你的孩子比她自认为的和你认为的更勇敢、更强大、更有智慧。有意思的是，克里斯托弗·罗宾（Christopher Robin）与小熊维尼之间有过这样一段对话，开头是："如果有一天，我不能和你在一起了……"这句话可能恰好符合你和你的孩子的情境，因为分离焦虑往往是孩子们的焦虑起源。小熊维尼及其创作者艾伦·亚历山大·米尔恩（Alan Alexander Milne）也深知这一点。

一开始，我给本书取名为"你比自己所知的更勇敢、更坚强、更智慧且更令人喜爱"，但在后来的编辑过程中，我修改了书名，因为我不想让女孩们认为，她们所能得到的爱与她们自身的焦虑有任何关系。不过，虽然本书的书名没有体现"爱"，但"爱"仍然是基础，是本书所有探讨可以真正帮到孩子们的原因和途径。你和你的孩子将要掌握的所有方法、她将要进行的所有练习，都是基于一个主要目标：提醒她，她被深深地眷顾着，她所有的忧虑都可以被看见、被懂得并得到理解，同时，她也被赋予了勇敢、坚强的品质和充满智慧的头脑。事实上，这就是我在本书开篇就指出过的，我并不是想通过这本书来增强女孩的勇气、力量或智慧,因为她们拥有的已经足够多了。她们只需要用心体会,就会发现它们深藏在自己身上。

是的,它们一直都在。你和你的孩子要一起记得她身上的勇气、力量和智慧,她可以发现它们,你也可以。你们得到的爱超出了你们的所知,你的孩子拥有打败忧虑怪兽的所有武器,而你给予她的爱永远是她最有力的武器之一。

更好地了解焦虑

1. 焦虑症如今不仅是一种流行病,还是孩子们崇尚的一种"潮流"。
2. 当感知和判断能力达到一定水平时,女孩的内心会充满挣扎,需要宏大的词汇来描述强烈的情绪。
3. 在过去的 10 年间,因为自杀意图或自杀未遂而入院就医的儿童、青少年比例增长了 3 倍,其中女孩就医的增长比例最高。
4. 孩子们正在寻找定义自我的方式,我们不希望她们通过经历的困境来定义自我。
5. 因为缺乏判断力,很多女孩会觉得问题的难度很大,而自己的能力很小。她们需要帮助。
6. 人很难停止焦虑,正如很难从脑海中忘掉北极熊的形象一样。
7. 逃避和回避是父母和孩子最常使用的两种控制焦虑的方法,但它们都不能解决问题。

8. 认知行为疗法是目前最有科研基础的一种针对焦虑症的疗法。它的根本理念是，人的思维方式会影响人的感受，进而影响人的行为模式。

9. 在成长过程中，女孩会因为不同的主题而反复产生焦虑情绪。女孩及其父母需要得到帮助，学会在焦虑症复发时设法削弱它的威力。

10. 女孩的焦虑会给她们的身体、心智、情绪和精神带来影响。因此，她们需要从各个层面对忧虑怪兽发起反击，如学会识破它的伎俩，武装起来，掌握有效的抗争方法和正确的认知。最终，女孩会找到勇气、力量与智慧。

RAISING WORRY-FREE GIRLS
更好地了解自己和孩子

- 你的孩子的感知力和判断力如何？她是如何度过心智发展中的关键阶段的，抑或她还没有进入这个阶段？
- 你的孩子现阶段是如何定义自我的？
- 你如何帮助她提高认知和判断能力？
- 在此之前，为了让你的孩子停止焦虑，你做过哪些尝试？哪些有用，哪些没用？针对你自己的忧虑，你又做过哪些尝试？
- 你能想到发生在自己身上的一个例子吗，当时你的思维影响了你的感受，继而影响了你的行为？你能想到你的孩子生活中的一个类似的例子吗？
- 分析一下你的孩子遭遇焦虑问题的时间线：她的焦虑是不是会随着时间而变化？生活中的某些重大事件是否与她产生焦虑的时间点重合？
- 读到这里，你对你的孩子有哪些期望？
- 你希望她对自己有哪些了解？
- 你认为自己能做些什么来帮助她？关于帮助她抵御焦虑的方式，你认为有哪些需要改进的地方？
- 在阅读本书时，哪些观点是你希望记住的？

RAISING WORRY-FREE GIRLS

第二部分

应对焦虑

面对忧虑怪兽,女孩将发出自己的声音,且比它的声音更响亮。

第 4 章

帮助孩子缓解生理不适

在过去的两周中，有14个家庭首次向我预约了心理咨询，每个家庭的女孩都或多或少有些焦虑问题。虽然她们忧虑的来源和表现各不相同，但她们每个人的身体、精神和心灵都遭到了忧虑怪兽的胁迫。因此，她们的父母急于寻求帮助。

现在，在帮助女孩们克服焦虑问题时，我对她们的父母的态度比以往更加坚定了。我不会把"母亲内疚"或"父亲内疚"强加于他们，因为孩子的困境不是他们造成的。即使他们在不知不觉中做的一些事引发了孩子的焦虑，但当前的首要任务是和孩子一起学习应对焦虑的方法。我们需要牢记一点，每个人都会产生一定程度的焦虑。但对孩子来讲，生理因素导致的焦虑更难克服，因此她们需要父母的帮助，需要父母在她们陷入焦虑时力挽狂澜。

有些研究人员曾表示："当心理咨询师在帮助患有焦虑症的孩子克服困难时，孩子的父母是帮助我们带来改变的主要力量。"对此，我完全赞同。

第 4 章
帮助孩子缓解生理不适

忧虑怪兽对女孩所施的诡计

几年前，我曾与我的挚友兼合伙人梅丽莎·切瓦特桑一同骑行。当我们穿过肯塔基州的一片平坦的农场时，突然发现几千米外有风暴袭来，我们开始担心并加速骑行。远处不时出现的闪电清晰可见，虽然我们很安全，但仍然用尽全力，且越骑越快。当梅丽莎骑在我前方约 50 米外时，一道闪电击打在我们之间的地面上。我立即扔下自行车，迅速地跑向旁边的一块玉米地里。玉米地能保护我吗？管不了那么多了。当时，我既没有停下来看看附近是否有可以躲避的地方，也没有把自行车骑到路边，放下撑脚架停稳，而是把自行车往路中间一扔，跑到了玉米地里。恐惧像电流一样把我刺穿，令我无法思考，我只剩下逃跑求生的本能反应。

人类天生有一种应急响应系统：当发生紧急状况时，大脑和身体会做出一系列反应，确保我们活下来。如果你已为人父母，你可能经历过多次这样的情境：你年幼的孩子跑着跑着摔倒在地。我猜你当时一定以超乎想象的速度跑向了她。在遭遇危险时，父母保护孩子的超能力是无穷的。

人不需要思考，这些求生技能会自动生效。几秒钟之内，人的身体就在神经系统的主宰下，进入应急响应模式。你知道有哪些神经参与了应急响应吗？答案是那些会让人感到紧张的神经。

人体内发生的反应大概是这样的：神经系统自动开启了身体的某些特定功能。神经系统包括两大主要分支：交感神经系统和副交感神经系统。交感神经系统会引发"或战或逃"反应，副交感神经系统会引发"休息和消化"反应。当我们感到恐惧时，交感神经系统占据主导。

081

心理学家丹尼尔·埃文斯（Daniel Evans）曾说过："恐惧会使'或战或逃'反应超速运行，肾上腺开始分泌肾上腺素，负责逻辑思维和缜密计划的大脑额叶血流量减少，而大脑深处更具动物性的脑区开始发挥主导作用，比如杏仁核。"

紧接着，身体的每个部位都开始为了一个目的齐心协力：活下来。心跳和呼吸加快，血压升高，甚至瞳孔会放大，为的是更清楚地观测"险情"。更多的血液会流向大肌肉，以便让身体保持紧张、做好准备。同时，手开始发凉、出汗。也就是说，在闪电击下的那一刻，我的身体决定了我能以最快的速度飞奔向玉米地。在收到"警报"以后，胃会减少消化活动，并将全部能量节省下来用于逃跑。血液甚至会从皮肤中退去，以防受伤时出血过多。

虽然大自然将人类塑造成神奇又强大的物种，但有时，我们的大脑也会对错误的警报做出反应。

处理恐惧的杏仁核

有15%～20%的人，其杏仁核天生过度活跃。这意味着，如果你的孩子属于这一群体中的一员，那么她在焦虑时，会无法清晰地思考，而且焦虑越严重，其思维越混乱。血液会从大脑中负责理智地计划、思考并控制情绪的前额叶皮质区流走，并集中在负责"或战或逃"反应的杏仁核区域。实际上，当你的孩子感到焦虑时，她大脑中的杏仁核"挟持"了她的整个大脑。杏仁核仿佛引发了大脑中的山洪海啸，任何逻辑都没有用，只有教她将交感神经的运转放慢才行，具体可参见后文相关版块的内容。

有意思的是，我在写本章时，正与梅丽莎和戴维在佛罗里达州的一次活动中进行演讲。在活动的第一个晚上，当我在宾馆里写完前一段后，我就睡着了，之后被房间里的鸣响吵醒了。"啾啾……啾啾……"每两分钟一响。鸣响持续了一段时间，后来我意识到，房间里的烟雾报警器的电池需要更换了。你知道这会导致什么吗？错误警报，而且是不断重复的错误警报。半夜被吵醒的滋味你应该也体会过。当时，我没有找人维修，而是打开手机里的音乐APP，开始播放一些背景音，之后伴随着"啾啾"的声音迷迷糊糊地睡着了。因为如果我找人半夜到房间里来开灯维修，我恐怕就难以再入睡了。第二天早上一起床，我立马给前台打电话说明了情况。

第二天白天，我进行了长达6小时的演讲。到了晚上，我疲惫地回到房间，惊喜地发现鸣响消失了，房间又恢复了安静。因为次日一早我要乘飞机回家，所以我用iPad看了一会儿视频后，就早早地睡下了。但到了凌晨一点，鸣响再度出现。不知道怎么回事，我感觉自己快崩溃了。我几乎一整夜都在听手机播放的白噪声，这些声音会让我觉得睡在了热带雨林的帐篷里。鸣响无休无止，令人烦躁，我满脑子除了噪声还是噪声，感觉要疯了。在熬过了一夜后，我整个人快虚脱了。实际上，当女孩们被焦虑击倒时，她们的感受差不多和我这时的感受一样。

发现和改善焦虑的身体讯号

当女孩们的杏仁核开始发挥主导作用时，她们的身体已做好了响应的准备。她们的交感神经系统的每个组成部分开始高速运转，继而影响她们的胃、头部、双手、思维，甚至视力。有一位高一女生曾告诉我，她在一次数学考试中突然感到一阵恐慌，她感觉试卷上的数字在她眼前"游动"。

当担忧与焦虑袭击女孩们时，她们可能会头晕目眩、泪眼汪汪，并抱怨自己头痛。她们可能会感觉胸口发紧，心跳加速，也可能浑身发抖并开始出汗。她们的呼吸会变得比平常快，就好像喘不上气一样。所有这些表现都是惊恐障碍的征兆。此外，她们可能还会感到恶心、胃痛，甚至可能腹泻、呕吐。通常，在引发慌乱的事件或想法出现以后，这些症状会在半秒内开始发作。

时间久了，女孩们可能会对惊恐障碍发作本身产生恐惧。经历恐惧带给她们的感受非常可怕，使得她们再也不想如此受罪。

一名女孩最近找我咨询，她说自己的焦虑会在上学期间达到顶峰，导致她出现轻微的惊恐障碍。她通过佩戴的智能手表发现，每次她发作时，心跳会加速。现在，她在学校里会不时地查看自己的心率，担心再次发生心动过速。她担心自己会焦虑，进而影响身体。实际上，相比于引发恐惧的事物，处于焦虑中的孩子往往对恐惧本身更加害怕，成人也一样，主要是因为恐惧会给身体带来严重的不良影响。

很多孩子并没有意识到，攻击他们身体的就是忧虑怪兽，他们的父母也没有意识到这一点。几年来，我认识的几个女孩把她们生活中的一切扰乱因素都归咎于自己身上症状不严重但难以根治的肠胃问题，而听不进别的观点。她们勇敢坚强、追求完美，且不愿意暴露自己的脆弱，她们认为，焦虑引起的胃痛会让她们显得软弱无能。还有一些女孩因为头痛一次次地看医生，最终却被告知她们的头痛找不到医学原因，后来，她们找到了我。

我想说的是，即使一个女孩出现了生理症状，但没有找到医学原因，她感受到的疼痛依然是真实的，并不是她装的。虽然她可能还理解不了焦虑带来的影响，但她的身体已经如实地"记录"了下来。她需要在父母和医生的帮助下，把症状的前因后果联系起来，以免遭受的影响进一步扩大。

长期焦虑的影响

杏仁核的工作效率很高，当有导致警报的因素出现时，它会持续地发出强烈的警报，就像我在前文提到的那家宾馆坏掉的烟雾报警器持续地鸣响一样。焦虑是导致杏仁核发出错误警报的最常见原因。长期的焦虑不仅会使杏仁核更容易出错，同时还会使其更难控制，从而发出错误警报。

实际上，长期的压力会导致杏仁核变大，让人更容易陷入恐惧、焦虑和愤怒。斯坦福大学的教授、压力研究专家罗伯特·斯波斯基（Robert Spolsky）说："长期的压力会导致杏仁核异常活跃和兴奋。"杏仁核变大以后，很容易受到刺激。

《如何让孩子自觉又主动》的作者丹尼尔·西格尔（Daniel Siegel）和蒂娜·佩恩·布赖森（Tina Payne Bryson）[①]在书中写到，当处在焦虑状态时，大脑中的连接实际上进行了一次重构：

> 大脑的生理构造实际上会与接收的新信息相适应，重新进行组织，并基于人看到、听到、触摸到以及思考过或实践过的事物来创造神经通路。一旦注意力集中，神经元就会被激活，然后建立通路、进行连接。

[①] 丹尼尔·西格尔是知名脑科学家，他与儿童心理学家蒂娜·佩恩·布赖森在《如何让孩子自觉又主动》中提出开放式大脑能够提升孩子的4大关键能力：平衡力、复原力、洞察力、共情力。该书中文简体字版已由湛庐策划并引进，浙江教育出版社出版。——编者注

由此可知，长期焦虑的大脑的构造会改变，继而变得更容易焦虑。

对青少年来说，他们的大脑原本就已超载，因此压力会给他们的大脑带来更大的冲击。《自驱型成长》中写道："研究发现，在经历了长期的压力后，成年人的大脑一般会在 10 天内恢复正常，而青少年的大脑需要 3 周的时间才能恢复正常。"

焦虑极大地影响了女孩们的大脑，同时也影响了她们父母的大脑。忧虑怪兽会通过特别的伎俩对父母造成冲击，并影响他们养育处于忧虑中的孩子的能力。

忧虑怪兽对父母所施的诡计

丧失逻辑和理智

当女孩们被焦虑困扰时，她们的父母向我描述自己的情绪时最常说的一个词就是"挫败感"。

> 我试着告诉我的女儿她现在多么缺乏理智，但她就是不听。
> 她现在这个样子，我根本没法跟她说话。

几乎每一位家长都会说出类似的话。你知道我的第一反应是什么吗？我会先给他们讲解杏仁核的错误警报，告诉他们孩子的大脑中正充斥着肾上腺素和多巴胺，导致她们无法清晰地进行思考，所以此时的她们毫无逻辑。当她们的交感神经系统进入"求生模式"时，她们就完全无法保持理智了。在

第 4 章
帮助孩子缓解生理不适

冷静下来之前，她们无法说服自己不再焦虑。同样，她们的父母也无法说服她们。

接下来该怎么做呢？拥抱她们，并帮助她们进行深呼吸，试着安抚她们，并对她们说："宝贝，没关系，一切都好着呢，不用担心。我不会让任何坏事发生在你身上。"接着，哄哄她们，帮她们从混乱的情绪中抽离出来。

加剧不良情绪

当我养的小狗露西还小的时候，有一天，我带它去了当地的宠物学校。我依旧还记得训狗指导员当时批评了我。在进行分离练习时，我需要把露西放在某个地方，然后离开，过一会儿再回来。但当我命令露西坐下并留在原地时，它发出了哀怨的叫声。这时，养护小狗的技能被我抛在脑后。我用一种自以为充满安慰的声音对它说："露西，没事的，别担心，我很快就会回来。"露西当然听不懂我说的话，而训狗指导员则对我说，我试图安慰它的声音在它听起来也充满了哀怨，它会因此变得更加焦虑，认为当下的情况比它想象的还要严重。

聊到小狗，我想起最近来找我咨询的一个 7 岁的女孩。当时，她被露西吓得尖叫着跳上沙发，躲到了她的妈妈身后。她的妈妈搂住她，把她拥入胸前，并对她说："宝贝别怕，狗狗不会伤害你的。"然后她转过身愤怒地看着我，并严厉地说："我家孩子很怕狗。"实际上，露西体形很小。

当时，这对母女的情绪让我有点生气。同时，我也很为女孩感到失望。她的妈妈在安慰她时，向她传达出一种信息：她理应得到安慰，应该受到救助。而我希望她的妈妈对她说的是："宝贝，你会没事的。来，做几个深呼

087

吸。"接着，她的妈妈可以站起来，亲吻一下她的额头，再说几句话，比如"这只狗真可爱，我可以摸摸它吗？"等。她的妈妈可以跟她说露西又小又可爱，或者什么都不说也行。无论她的妈妈说什么，她需要传达出的是，没有什么可害怕的。

《焦虑的孩子，焦虑的父母》一书的作者李德·威尔逊和琳恩·莱昂斯认为："焦虑是人们追寻以下两种体验的一种途径：确定性与舒适感。问题在于，人们对这两种体验的需求过于急迫，且持续不断。"为了给孩子们提供她们追求的确定性与舒适感，我们需要将她们从恐惧的场景中解救出来。然而，每一次的解救会强化她们的认知，即她们相信自己是需要被解救的，进而更加予取予求。

我们给予她们的宽慰越多，她们就认为自己应该得到越多的宽慰，且永远都不满足。原因在于，我们替她们承担了责任。而且，这种需求会一再升级。一开始，我们希望对她们晓之以理，但她们可能不会回应；接着，我们会试着动之以情，这在一定程度上是有帮助的。但同时，我们需要确认的是，我们没有把她们的处境灾难化，也没有一直不停地安抚她们。

孩子的认知与成年人不同

有句话说得好："孩子是伟大的观察家，也是糟糕的诠释者。"在我看来，患有焦虑症的孩子尤甚。还记得前文提到的消极偏见吗？当杏仁核进入兴奋状态以后，它会过度诠释当前的危险，高估面临的威胁，几乎把任何事物都当成威胁，接着发出错误警报。此时，女孩们并不知道这种警报不值得信任。她们需要他人的帮助才能知道真相。

第 4 章
帮助孩子缓解生理不适

我接触过几个女孩,她们因为严重的焦虑症而产生了类似于创伤后应激障碍的症状,且伴有幻觉。其中一个女孩说,有天晚上,有个男人爬进了她的车,坐在后座上,她在开车时从后视镜中看见了他。她吓得飙车回到家,然后跑进屋里找她的爸爸。而当她的爸爸去查看时,车里根本没有人。实际上,当晚她的车里并没有其他人。

我几乎每天都会从女孩们那里听到一些稀松平常的事情,比如:

我的老师讨厌我。
有个朋友告诉我,她再也不想跟我做朋友了。
当我走过去吃午餐时,她们都在议论我。

有时候,这些事情的确是真实的。但是,更可能的是焦虑使女孩们歪曲了事实,消极地看待自己,以至于她们的思维变得非常跳跃、夸张、非黑即白。她们爱用一些意义绝对的词语,比如"一直""从来不",且常常认为成年人"讨厌"她们。一些女孩始终把自己描绘成受害者,永远都是被孤立的那个人,从来没有被重视过,且认为老师对她们不公,令她们难堪。由此产生的一大问题是,如果她们的父母没有意识到是焦虑导致她们思维扭曲,那么他们就会相信她们说的一切。

塔玛·琼斯基在《让孩子远离焦虑》[①]一书中写到,要帮助孩子,让他们大脑里的"焦虑列车"改变轨道。当他人不经证实就对孩子们表述的情形

---

① 《让孩子远离焦虑》(*Freeing Your Child from Anxiety*) 中针对每个焦虑问题,都提出了具体的计划和详细的建议,该书中文简体字版已由湛庐引进,浙江科学技术出版社出版。作者塔玛·琼斯基专注于儿童和青少年心理健康领域,尤其是焦虑障碍研究。——编者注

做出回应时，就会和孩子们一起忧虑，从而加剧孩子们的忧虑。

从现在开始，当你准备打电话给孩子的老师或孩子朋友的父母时，请慎重一些，至少不要简单地从孩子的立场来看待问题或做出回应。她们的大脑会因为焦虑而获得错误的信息。焦虑扭曲了她们的认知，继而使她们将问题放大，而她们自己则变得弱小了。

供孩子使用的抗焦虑工具

焦虑就像一个霸凌者。你可能听人说过，忽视焦虑的存在，它终究会走开，但它并不会消失。如果你沉默以对，它会更加强大。唯一可以让焦虑消失的方式就是与之抗衡。一旦你的孩子学会直面焦虑，那么焦虑出现的次数就会越来越少，其影响也会越来越弱。但在这之前，你需要找出它的所在之地。

关注身体的状态

无论你的孩子是什么样的人，为哪些事而焦虑，她的焦虑都会从身体上体现出来。当她的焦虑水平慢慢上升时，焦虑首先会从她的身体状态上显示出来。

在为焦虑的年轻女孩制作的一本活动手册中，我画了一张女孩的轮廓图，有点类似于女孩的身体构造图。我会让女孩们在图上把她们身体各个部位的症状写下来或画出来。每当我和前来咨询的女孩们聊到她们身体的哪个部位能感知到焦虑时，常常会有很好的发现，她们能马上说出自己的强烈感受。例如，她们可能会说"我感觉肚子发痒"或"我的胸口开始疼痛"。曾经有一个女孩对我说，她手心会出汗。

如果你的孩子越早面对忧虑怪兽，那么它的诡计就越不容易得逞。你要帮助她找到焦虑一开始影响的身体部位，这样她就能在初始阶段识别出信号。之后，她就可以做好准备并远离焦虑困扰了。

使用正方形呼吸法

现在，请你把双手放在腿上，再用食指在腿上画正方形。在画正方形的第一条边时，用鼻子吸气；画到第一个角时停 3 秒钟，然后再接着画下一条边，同时用嘴巴呼气。继续按这种模式画完另两条边。重复 3 次。现在你感觉怎么样？相比于练习开始前，你有没有觉得自己的焦虑减少了？该练习被称为"正方形呼吸法"。每当有因为焦虑来咨询的孩子找我时，我首先会让她们做这个练习。

上周，我教一个 7 岁的女孩练习正方形呼吸法。画正方形对她来说没有太大的吸引力，她问我可不可以画花朵，我说当然可以。其实，画花朵或星星、六边形等都可以，看你的孩子喜欢画什么。这个练习的一大优势是，你的孩子随时随地都可以进行，无论是在上课时，还是在演讲前，没有人会留意到她用手在腿上画画的细微动作，也没有人会轻易听见她做的深呼吸。深呼吸会改变她的身体状态，这是我推荐的第一个对抗焦虑的工具。

做深呼吸时，她的身体会放松，交感神经系统的运转会减慢。大脑中的血管扩张，血液会回流到前额叶皮质区；同时，肌肉开始放松，心跳减缓，血压开始趋于稳定。随着错误警报作用的消退，她的身体逐渐恢复到正常状态——她又变回了原本的自己。

有些人对深呼吸的好处表示怀疑。一位家长曾带女儿去咨询一位认知行为疗法专家，之后来找我并对我说："这根本没有多大的帮助。他们基本上只是在教我的女儿怎么呼吸。"其实，这位家长并没有抓住重点。深呼吸的确是一种很有帮助的方法，会对孩子的身体产生有益的影响。但要注意的是，做深呼吸的时机也很重要。在女孩们刚刚产生焦虑难耐的感觉时，让她们做深呼吸才有用；如果她们已经进入情绪崩溃期，那么让她们调整呼吸可能没有用，甚至可能导致她们的焦虑加剧。她们很可能会大喊："我不想做深呼吸！我才不想画什么该死的正方形！"

除了正方形呼吸法，还可以让她想象自己通过呼吸在空气中吹出彩色泡泡或彩色气球。或者让她躺在地上，把毛绒玩具放在肚子上，看它随着自己的呼吸一起一伏。无论用哪种方法，你应该和你的孩子一起练习，帮助她弄明白深呼吸如何帮她从应急响应状态中解脱出来。

获得正念的基本技能

你可能听说过正念。深呼吸其实也是正念的一部分，已成为治疗过程中较为流行的一种练习。正念在全世界的诸多学校、医院中被广泛使用。美国妙佑医疗国际（Mayo Clinic）对"正念"的定义是："一种冥想方式，把注意力高度集中在当下的知觉和感受中，不被人打断，不做评价。正念练习包括呼吸方法、引导式想象以及其他帮助身体和头脑放松的减压练习。妙佑医疗国际还表示，研究证明，正念对压力过大、焦虑、抑郁、失眠和高血压等生理问题都有一定的疗效。

第 4 章
帮助孩子缓解生理不适

实际上,正念有一套独特的治疗体系,全称 Mindfulness-Based Stress Reduction,也就是"正念减压疗法",它是由马萨诸塞大学医学院开发的一个项目,后被广泛应用于焦虑症的治疗。《福布斯》杂志的专栏作者爱丽丝·沃尔顿(Alice Walton)曾表示:"2009 年,哈佛大学的一项研究发现,在完成为期 8 周的正念减压课程后,被试大脑中杏仁核的体积明显减小。"她补充道:"2013 年,约翰斯·霍普金斯大学的一项统计分析表明,冥想与焦虑症、抑郁症以及失眠症状的明显减轻相关。"

20 世纪七八十年代,大多数冥想练习都与当时流行的一种特殊的思潮有关。你可以想象女孩们穿着扎染 T 恤,脖子上戴着水晶吊坠。但这不是我要讲的正念。正念确实已经在焦虑症治疗方面获得了巨大的成功。最近,我推荐一名年轻女士参与了一个项目,该项目是美国最佳焦虑症治疗项目之一,以正念为主要治疗手段之一,效果很好。

正方形呼吸法等基本技巧也是正念的一部分。正念的核心是关注当下,而焦虑植根于过去或未来。当你的孩子回想起前一天跟朋友说的傻话时,或者当她们的思路跳跃到下周将要举行的考试时,她们可能就开始焦虑了:一时之忧开始在她们的脑子里回旋,一遍遍地转啊转,又像启动了一列游乐场里的单回环过山车。转的圈数越多,她们就越感到惊慌,其大脑中错误警报的声音就越大。当错误报警系统的运转达到顶峰时,她们就开始惊恐发作了。

女孩们在向我描述惊恐障碍时说,她们感觉已经脱离了自己的身体。实际上,这种人格分裂是焦虑症的症状之一,就像在电影中看到自己一样。正念的基本技巧之所以有用,是因为它们的确可以帮孩子"稳住根基",把她们从焦虑中带出来,拉回当下。

正念的很多基本技巧都利用了人的感官。例如，正方形呼吸法的效果是双重的：一方面，它能使人的呼吸均匀；另一方面，触摸腿部能带来稳定心神的效果。还有一种常见的基本技巧叫作"5-4-3-2-1法"：把注意力集中到当下看见的 5 种东西、体会到的 4 种感觉、听见的 3 种声音、闻到的 2 种气味以及尝到的 1 种味道上。可能的话，大声地把它们说出来更好，因为声音也能起到一定的作用。

前文提到了几种我带女孩们练习过的基本技巧，比如颜色游戏，即说出目之所及的范围内所有某种颜色的东西；数字游戏，即当她们的数学能力达到一定水平以后，我会让她们从 100 开始每隔 7 个数倒数，这是我从一位精神病学家那里学来的。另外，还有一种拼词游戏：让女孩们想出她们所知的以某个字母开头的所有英文单词，如字母 b。

这些基本技巧能帮助女孩们集中注意力，调整大脑血流量，从而把她们从循环思维中带回现实。

通过身体活动缓解压力

当你的孩子开始感到焦虑时，她越早做深呼吸、使用正念技巧，她得到的帮助就越大。但如果她的焦虑状况已经很严重了，陷入执迷、焦虑升级，且不愿跟你一起调整呼吸，此时，建议让她进行一些身体活动。

为了让她释放体内累积的压力、消除错误警报信号，可以让她动起来，比如在楼梯上来回跑 5 次，在马路上折返跑，练习投篮 10 分钟，在蹦床上跳一跳，或骑自行车在小区里兜几圈。运动能帮助她重新调整大脑和身体，使其恢复平静。接下来，可以让她练习做深呼吸；如果她准备好了，可以让

第 4 章
帮助孩子缓解生理不适

她直接用下一章介绍的方法。

通过想象缓解压力

接下来，我们来聊一聊睡前时光。很多女孩告诉我，入睡前的那段时间是她们在一天之中感到最焦虑的时段。如果你的孩子充满焦虑地躺在床上，为即将发生的事情忧心忡忡，那么可以让她尝试想象和渐进式肌肉放松法。这两种方法是我近年来在诊治睡前焦虑的人时所用的，都非常有效。

一位妈妈曾跟我讲过一个对她的孩子帮助很大的练习。当她的孩子躺在床上睡不着时，她会陪她的孩子躺一会儿，并让她的孩子把眼睛闭上，想象面前有 3 扇门，每扇门背后都有一个她喜欢的地方。她的孩子想象自己打开了其中一扇门并走了进去，然后向她描述自己"看到"和"听到"的一切，这对她的孩子来说有稳定心神的作用。接下来，她的孩子以同样的方式，想象自己"打开"了第二扇门和第三扇门。她说，她的孩子很少能够"打开"第二扇门，更不用说第三扇门了，因为她在此之前就已经睡着了。

这个孩子让自己置身于一个喜爱的场景，并描述给妈妈听，产生了令她镇静的效果。如果你的孩子住校，她也可以这样做，不过，或许她只想默默地想象。可以提前告诉她，她可以设想一个让她愉悦又安心的地方，在感到压力时，她可以让自己置身于那个地方，然后不断用细节去丰富自己的想象。

渐进式肌肉放松法

我喜欢用来帮助孩子入睡的另一种方法叫作渐进式肌肉放松法。当你的孩子躺在床上时，让她逐渐从头顶到脚趾调动自己身体各部位的肌肉，先紧

095

绷再放松，5秒钟一组。通过这项练习，她不但可以放松身体，还可以将思想集中到了自己的肌肉力量上，从而摆脱焦虑。这种方法基于的原则是，人的各项需求之间是相互竞争的，人无法同时感到焦虑和放松。

下面列出的缓解压力的方式也可以尝试，除此之外，我强烈建议一家人能围坐在一起，每个人都说一说自己在家里、在工作中或在学校尝试过的消除焦虑的方法。

- 列出你的孩子喜欢的20个事物、10件让她感恩的事情以及10个她关心的人。
- 记住一首她喜欢的歌曲的歌词。
- 让她用流动的水冲手。如果她在学校产生了焦虑，告诉她可以向老师申请回寝室进行该操作。
- 散步。
- 荡秋千。
- 做拉伸动作。
- 侧手翻。
- 洗纸牌。
- 撕纸条。
- 挤泡泡纸。
- 捏压力球。
- 做瑜伽。

第 4 章
帮助孩子缓解生理不适

供父母使用的抗焦虑工具

增进对焦虑的了解

无论是你还是你的孩子，对忧虑怪兽了解得越多，它就会变得越虚弱。认知是变化的开始。在你帮助你的孩子与焦虑作战的征途中，对焦虑的认知将一直是你的最佳武器之一。关于你自己的忧虑怪兽，以下几点需要重点关注：

- 小时候，关于焦虑，你的父母告诉过你什么？
- 你的家人用了哪些对抗焦虑的方法？
- 你是如何应对失败和错误的？
- 你如何进行时间管理？当你的家人快要迟到时，你会怎么做？
- 哪些事是你的孩子想让你帮她做，而她自己其实是可以做到的？
- 当你的孩子想要逃避时，你会做什么？
- 其他家庭成员对此有什么反应？
- 你在面对焦虑时采取的应对策略对你的孩子有示范效应吗？
- 你的孩子的哪些做法形成了她自己的一套应对焦虑的技能？（有时候，孩子们会通过仪式感来应对焦虑，包括睡前仪式）
- 你最常用的应对焦虑的策略有哪些？

你可能会觉得，上文刚提到的策略还不够，其实前文介绍过的方法也可以使用。无论你的焦虑来自工作中的某次演讲展示，还是来自失眠的烦恼，它都会影响你，正如焦虑影响着你的孩子。你大脑中的杏仁核发出错误警报，然后你的思维开始绕圈打转。现在，你可以尝试正方形呼吸法，练习正念。当你增进了对焦虑的认知，开始使用各种方法来克服焦虑时，你的孩子也会效仿你。一方面，你可以教她应对焦虑的办法；另一方面，她也可以观察你是如何学着掌控自己的焦虑感、重新获得平静的，继而逐渐学会应对焦虑。

帮助孩子恢复平静

焦虑症状如果不加诊治，只会日益严重。惊恐障碍却不同。焦虑引发的紧张感会随着时间的推移而消退，一般在 5～30 分钟后会退去。只要你的孩子能坚持住，做深呼吸，练习正念，她的身体就会平静下来。当她处于混乱时，你要保持镇静，这对她的帮助很大。

当她的恐慌开始升级时，你首先要保持声音平和，调整呼吸，不要惊慌，要相信她一定会好起来的。在这个过程中，她可能会对你发火，尤其是当她把你当作应对焦虑的主要工具时。她可能想和你进行争论，借此宣泄情绪。如果冲着你爆发情绪是她在家里最常用的应对焦虑的方法，那么等她长大以后，这种应对模式可能会拓展到她未来的人际关系中，比如婚姻、友谊和工作关系。对此，你应该以身作则，教她学会使用更合理的应对方式，敦促她练习新的应对技巧。只要你们互相依靠，保持冷静，一定都可以做到。

经营好亲子关系

你的孩子可能渴望与你紧密地联系在一起，这是一件好事，只要她不利用焦虑向你靠近即可。当她产生焦虑情绪时，你要谨慎地对她进行关注。

第 4 章
帮助孩子缓解生理不适

前文提到过的一个女孩曾告诉我,她的妈妈在她突发惊恐障碍时,给予她的关爱最多。平时她和妈妈关系紧张,经常争吵,而且她的妈妈在争吵时会失控。说实话,在这个过程中,我认为她的妈妈就像又变成了一个少女,重返自己缺失母爱的青少年岁月,重演了自己和妈妈的紧张关系。而女孩的惊恐发作无意中帮助妈妈重新回到成年人兼妈妈的角色。女孩不仅希望与妈妈亲密联系,还希望妈妈在母女关系中坚强可靠。女孩常常在压力之下惊恐发作,而如果她与妈妈的关系出现问题,她的惊恐发作往往更加严重。

我遇到过不少用焦虑来"迷惑"父母的孩子,而且更多地是"迷惑"父母中的一方。你的孩子会这样吗?如果你是个妈妈,当你送孩子去学校时,她是不是哭得比她的爸爸送她时更厉害?如果你是个爸爸,在孩子感到紧张时,她是不是更倾向于找你求助,而不是找她的妈妈?如果在害怕时,孩子更愿意来找你,那么可能在她看来,你更容易被操纵。

在你帮助孩子获得安全感时,你们之间的关系是健康的。她可能一直希望你在回应她时带着共情,倾听并认可她的感受。接下来,她需要你帮助她继续前行,而不要让她陷入思维的死循环中。她需要你帮助她使用应对技巧来解决她的焦虑问题。当她自己解决了问题以后,她会感受到前所未有的自豪。如果你帮她解决问题,那么下一次当她遇到问题时,她只会更加依赖你。记住,你的孩子是有能力的,你们之间强大而紧密的联系能赋予她挑战忧虑怪兽的安全感与自信心。在面对忧虑怪兽时,她将发挥自己的能力与之对抗,且比忧虑怪兽更加强大。

相信身为父母的直觉

无论你是爸爸、妈妈,还是祖父、祖母,你都要相信自己的直觉。你应该了解你家的孩子，可以分辨出她是否焦虑，并知道她的需求是什么。你对孩子的直觉对她来说很重要，你可以用它来帮助孩子处理焦虑问题。

当你察觉到某个特定的情景可能会引发孩子的焦虑时，提醒她做深呼吸。当你发现她的焦虑水平正在升高时，提醒她进行正念练习。你甚至可能比她更早觉察到忧虑怪兽的出现。她可能正在学习分辨忧虑怪兽的伎俩，并不知道自己焦虑的想法不值得信任。而只要你还清醒，就可以相信自己的直觉，继而帮助孩子从焦虑中挣脱出来。

有时候，恐惧会引发强烈的情绪，导致你无法触及自己的直觉，这时，你需要设法控制情绪。在你应对焦虑的过程中，你的直觉能力会不断增强。你要相信自己和内心的声音，和你的孩子一样，你内心的声音也会变得越来越响亮，直到把忧虑怪兽的声音压倒。我每天都会对来向我咨询的父母们说："你比其他任何人都更了解你的孩子。你知道该怎么做，你要相信自己的直觉。"作为一名心理咨询师，我同样相信自己的直觉。

用均衡的日程打造"健康心智餐盘"

在我接触过的女孩中，最焦虑的往往也是最忙碌的。用职业术语来说，她们没有时间进行自我照顾。她们声称自己无法锻炼身体，因为课业负担太重。她们没有时间泡澡、看演出或参加任何休闲活动，因为做完作业、参加完体育训练，再睡几小时，她们根本没时间了。她们的日程安排非常满，因此难免压力过大。问题的核心是，父母才是家庭日程安排的制定者，或者说，无论孩子乐不乐意，父母都应该成为家庭日程的制定者。

丹尼尔·西格尔和戴维·罗克（David Rock）提出了"健康心智餐盘"

第 4 章
帮助孩子缓解生理不适

的概念。罗克表示，这一概念表述了保持最佳精神健康状态所需的 7 种重要的日常心理活动。这里所说的精神健康不只是针对孩子，而是针对所有人。我相信这 7 项活动不仅可以锻炼人的忍耐力，帮助人保持心态的镇静和平和，还可以抵御焦虑。它们有助于大脑中连接的建立，加深我们与他人的联系，同时还能纾解我们的压力，对我们身体、精神和心灵的各部分都有好处。

"健康心智餐盘"包含的 7 项活动分别是：

- 专注时间。
- 玩耍时间。
- 交流时间。
- 运动时间。
- 内省时间。
- 放松时间。
- 睡眠时间。

专注时间是指专注于完成特定任务的时间。在此期间，孩子的大脑接受挑战，并有机会建立连接。家庭作业通常会占用她们大部分的专注时间。学习或练习某项技能也需要占用一部分专注时间。

玩耍时间就是用来玩的。玩耍就是孩子的"工作"，可以强化她们解决问题的能力，提高她们的认知水平，同时减轻她们的压力。在玩耍中，她们会调动自己的执行力来安排游戏，在完成游戏时又会发挥适应能力和目标意

101

识等一系列其他能力。同时，她们可以在游戏中学会面对挫折，变得更加不屈不挠，而这正是焦虑的孩子急需的品质。因此，玩耍不仅可以帮助她们在短时间内释放压力，从长期来看，还可以培养她们的抗压能力。

交流时间是与周围的人产生联结的时间。通过人际关系，孩子们大脑中的连接得到强化，同时她们也能更好地认识自己。在交流时间中，她们可以与家人、朋友、宠物或大自然对话，这有益于她们的身心成长。在女孩的成长过程中，宠物可以给她带来强大的力量。如果你的孩子在家接受教育，那么她尤其需要与家庭之外的同龄人建立联系。她需要通过参加课外活动来学习与同龄人建立友情、进行团队合作所需的能力。

运动时间是消除焦虑的一剂良药。运动有助于大脑中内啡肽的分泌，内啡肽是一种可以缓解疼痛的神经递质。运动还可以增加大脑中的5-羟色胺的分泌，而5-羟色胺被认为是一种"快乐物质"。运动半小时以上会产生极佳的效果。如果你的孩子对运动不感兴趣，你可以陪她一起运动，也可以让家里的宠物陪她一起运动。

内省时间基本是指用来自我观照的时间。在此期间，她可以进行正念练习，但不能看视频。她需要一定的空间来释放自己的想象并进行反思，以便在这个过程中减轻压力和得到成长。内省时间可以安静地待着，也可以进行阅读、写作、绘画等。

放松时间是指注意力分散的时间。对你来说，刻意放空，什么都不做，可能非常无聊，但对孩子们来说，这是一个重大的成长仪式。在放松时间中，她们会学会如何自我娱乐和解决问题。在忙碌的日程中，放松时间往往至关重要。事实上，60%～80%的大脑能量被消耗在了什么也不干的默认模式中。在这段时间里，可以躺在床上等待入睡，也可以浸在浴缸里泡澡放松，还可以在院子里悠闲地散步。威廉·斯蒂克斯洛德和奈德·约翰逊认为，大脑在放松时间中完成了"充电"，将信息储存在更不容易遗忘的脑区，获得不同的视角，处理复杂的想法，并真正地发挥创造力。对年轻人来说，放松时间还与强烈的自我意识和共情能力的形成息息相关。

睡眠时间对大脑的良好发育必不可少。频繁的睡眠剥夺会导致焦虑症状加剧。丹尼尔·西格尔等人解释道："白天，大脑中的神经激活不可避免地会产生毒素，而夜晚充足的睡眠可以将毒素清理干净，这样一来，我们才能重新开始神清气爽的一天。睡眠就是对大脑进行的一次保洁。"我们每个人都是如此。如果你的孩子睡眠不足，可能会对大脑发育有害。

每个人都能从"健康心智餐盘"这个概念中受益。不过，需要提醒你的是，你应该是负责确保全家人"心智餐盘"保持健康的那个人。你是家庭日程的制定者和执行者，要维护"健康心智餐盘"的"营养均衡"。你可以把"健康心智餐盘"计划作为全家人在就餐时讨论的一个话题，让所有人聊一聊各自的想法，比如哪一部分时间安排得最好，哪一部分时间的安排还有待改善；每个人各自是什么情况，以及你会如何规划出一个更加均衡的"健康心智餐盘"。用一个周末的时间，把 7 项活动中的每一项都安排上，包括个人独自度过的时间及和家人共处的时间，然后到周日晚餐时，全家人再进行一次总结讨论。

这样的安排对你们的身体和大脑中的杏仁核都有好处。将来有一天，你的孩子也会感谢你。

威廉·斯蒂克斯洛德和奈德·约翰逊就美国儿童焦虑程度高、精神动力低的问题开展了大量的研究，并就这个问题创作了《自驱型成长》这本书。在一次接受《科学美国人》杂志的采访时，他们谈到了内驱力和自控力的问题：

> 关于内驱力的研究表明，拥有较强的自主权是儿童和青少年形成健康的自我激励能力的关键，它能促使他们满怀热情地追逐目标、享受成就。但在测试和辅导儿童的过程中，我们发现，很多孩子的自我激励模式都很极端，他们要么痴迷于成功，要么完全认识不到努力的意义。很多孩子说，他们已经被外界强加的要求淹没，随时都感觉疲惫，生活中没有可以放空的休闲时间。当然，这在一定程度上也跟科技的无处不在有关。很多孩子提到，他们需要在生活中满足很多人的期待，并抱怨道，他们对自己的生活几乎没有发言权。

威廉·斯蒂克斯洛德和奈德·约翰逊还认为，孩子们在生活中至少需要一位支持他们的成年人，同时他们需要充足的时间从压力事件中舒缓过来，还需要对生活有一定的掌控感。也就是说，孩子们希望父母坚强、可靠，与他们紧密联结，并帮助他们获得平衡感，这样他们才能找到属于自己的、可用来击败忧虑怪兽的工具。现在，你只需要调整好自己的呼吸，帮助孩子调整好呼吸，并告诉她，她可以挺过去。牢记一点，你比任何人都更了解你的孩子，知道她需要什么。

我曾接触过一个被她的妈妈认为"有焦虑倾向"的女孩。这位妈妈很有智慧，她在和我聊天时说："我的女儿很有创造力，她需要一些帮助，就能找到应对焦虑的工具。"但她没有意识到，她已经为她的女儿提供了一切可以使用的工具。这个女孩说，她的妈妈在卧室里给她安了一盏熔岩感应灯，

第 4 章
帮助孩子缓解生理不适

她看着灯光不停地变化，很容易入睡。她还告诉我，她的妈妈教她"数羊"。她说："我以前没试过，所以我闭上眼睛开始数，一边数一边想象自己轻拍着一只羊，毛茸茸的，真舒服。我还没来得及多数几只呢，拍着拍着就睡着了。"

我试着又给她介绍了几种在本章中提到的方法。但更重要的是，我肯定了她和她的妈妈的办法非常妙。凭借着自己的才华与勇气，这个女孩正在击退忧虑怪兽，来自她的妈妈的强大直觉与紧密联结也在支持着她。

在下一章中，我将介绍更多对抗忧虑怪兽的针对性方法。

更好地了解焦虑

1. 在帮助你的孩子对抗忧虑怪兽时，你是她最重要的动力来源，能为她带来改变。

2. 人的身体有一套应急响应系统，能接收大脑杏仁核发出的"或战或逃"信号，并做出反应。当警报奏响时，全身都做好了准备。

3. 杏仁核经常发出错误警报，尤其是在你容易焦虑时。焦虑情绪使人无法清晰地思考。

4. 焦虑给每个女孩的身体造成的冲击是不一样的，也是真实存在的。如此一来，她们常常错误地把焦虑症状理解为生理问题，并为自己的焦虑而焦虑。

5. 长期处于焦虑状态的大脑更容易焦虑。

6. 忧虑怪兽的伎俩之一，是让你尝试向你的孩子晓之以理，使她不再焦虑。而当理智失去作用时，你们很容易爆发情绪，导致冲突升级。

7. 被焦虑困扰的孩子希望得到确定性、舒适感和心理安慰。而他人给予她们的安慰越多，她们会认为自己需要的越多。

8. 焦虑会使你的孩子出现认知扭曲。对此，你需要帮助她认识事物的多面性。

9. 当你的孩子焦虑水平升高时，她的身体最先出现相应的症状。

10. 深呼吸有助于身体恢复平静，让杏仁核感应到警报出错。

11. 焦虑有时会令女孩从现实中抽离出去，她们会感到自己的身体已经不属于自己。正念的基本技巧能帮助她们重新恢复心智，并把注意力集中到当下。

12. 你的孩子不可能同时感到放松和忧虑。想象和渐进式肌肉放松法可以帮助她放松身体，尤其是在睡前。

13. 合理的应对方法可以帮助你的孩子把情绪导向建设性的方向上。

14. 认知是改变的开端。

15. 你的孩子需要平静的、与自身关系紧密、强大的情感联结，而这些只有你可以提供给她。不要只关注她的焦虑，更重要的是与她建立紧密联系。

16. 你是家庭日程的制定者，你要帮助你的孩子寻求平衡。为了达到平衡，除了专注完成任务的时间，还要注意分配给玩耍、交流、运动、内省和睡眠的时间，以及什么都不做的时间。

第 4 章
帮助孩子缓解生理不适

RAISING WORRY-FREE GIRLS
更好地了解自己和孩子

- 你的孩子平时的压力处于什么水平？你自己的压力水平如何？
- 你的应急响应系统上一次启动是什么时候？你的孩子呢？
- 你有过杏仁核发出错误警报的经历吗？你还记不记得你的孩子是否有过这样的经历？
- 当你的孩子焦虑时，她会出现什么样的身体症状？你呢？
- 当你的孩子陷入焦虑，而你试图介入时，会发生什么情况？当你的情绪升级时，你会有哪些表现？家里的其他人呢？
- 在工作中，你见识过忧虑怪兽的哪些伎俩？它们是如何影响你的？
- 焦虑带来的影响一般首先会体现在孩子的哪个身体部位？你的哪个身体部位最先受影响呢？
- 你可以带你的孩子一起做的一项正念练习是什么？你自己又可以做些什么呢？
- 你知道哪些事情可以帮助你的孩子放松吗？又有哪些事情可以帮助你自己放松呢？
- 你的孩子应对焦虑的方法有哪些？你的方法有哪些？
- 在开始阅读本书后，你对哪些事情理解得更清楚了？
- 当你的孩子焦虑时，你会给予她怎样的关注？你想要做出改变吗？
- 你的家庭日程安排得均衡吗？哪些方面是你希望改变的？

107

第 5 章

帮助孩子提升认知

焦虑会不知不觉地来袭，并以令人无法识别的方式表现出来。我曾在一次会议上遇见一位女士，她说自己不久前才发现，长年困扰她的胃痛并不是生理疾病导致的，而是源于焦虑。这位女士40多岁，有一个5岁的孩子，写过两本书，当时她正在认识忧虑怪兽的真面目——诡计多端又冷酷无情。

忧虑怪兽的确冷酷无情，要对抗它，就需要你的孩子学会使用强大的力量并拥有坚强的自我。这就是本章要讨论的重点。

如果你的孩子焦虑但想象力丰富，你可能不想直接告诉她忧虑怪兽十分可怕，以免她变得更加焦虑，她可能会在夜里想象有恶魔躲在她的床下。她原本就容易过高估计威胁，这样一来会加剧她的恐慌。无论你如何形容忧虑怪兽，你和你的孩子都应该了解它，或至少要了解它用来对付你和你的孩子的伎俩。

第 5 章
帮助孩子提升认知

忧虑怪兽对女孩所施的诡计

《孙子兵法》中有言：知己知彼，百战不殆。

要想战胜忧虑怪兽，我们需要了解你的孩子大脑中可能发生的事情。当杏仁核发出错误警报以后，前额叶皮质区会负责找出问题所在，并试图解决问题。如果威胁并不存在，前额叶皮质区会启动它强大的想象力。也就是说，杏仁核已经促使你的孩子的身体进入了"或战或逃"模式。而现在，由于前额叶皮质区的作用，她的思维陷入了无穷无尽的夸张想象中，她不停地假设灾难发生后的情形。

正如上一章所说，身体是她的第一条战线，而第二条战线就是她的思想。

当忧虑怪兽出现并制造警报时，你的孩子会感觉自己遇到了危险。她需要花 15～20 分钟才能使"或战或逃"反应减弱，让自己的身体恢复平静。在此之前，她无法清晰地思考，忧虑怪兽会占据先机，扩大影响。

第 4 章开篇曾提到过，杏仁核在瞬间就能发挥作用，忧虑的想法接踵而至。你的孩子会产生哪些想法呢？她的忧虑往往包含以下几个方面。

夸大消极事件发生的可能性

对焦虑的人来说，不存在"小概率会下雨"这种情况。对她们来说，一旦出现下雨的可能性，她们就会百分之百地判定一定会下雨。同理，无论她们害怕的事情是什么，这件事仿佛已成事实。

我今天会在学校呕吐。

我的惊恐障碍会在田径运动会上发作。

我的妈妈会遇到车祸。

我穿这件外套会遭到朋友们的嘲笑。

我不知道你会不会也这样，在我的成长过程中，我确实是个"焦虑专家"，尤其是在晚上准备睡觉前。我现在仍能回想起当时的画面：我一个人躺在床上，留意着屋子里时不时发出的碰撞声或嘎吱声。我还记得，当时我的脑海里想象着有人在我的父母熟睡时将他们杀死了，而且凶手正在上楼准备杀死我。我不只是在害怕，而是确信这一切都已经发生了，就像真的一样。我的孩子也是如此，无论她在害怕什么，她都会想象事情已经发生。忧虑怪兽用她最害怕的事情来吓唬她，让她被焦虑困扰的大脑相信，可怕的事情马上就要发生了。

用灾难式思维思考问题

约10年以前，有一个非常认真的六年级的女生来找我咨询。她对我说，她希望自己从方方面面努力，做一个好学生：按时完成所有的作业，认真地做好课前预习和考前复习，课堂上一有机会就举手发言。读到这里，你一定能感受到她不断累积的焦虑吧？她希望让老师们觉得她聪明、勤奋且诚实。在不断向自己施压的过程中，她产生了对作弊的恐惧。

她曾经给我讲过一件事。她说："今天，我坐在教室里做测验时，抬头看了一眼坐在我前面的同学。我并不想作弊，但我看到了她试卷的一角。虽然我没有看清她写的答案，但我开始担心。我不是有意作弊的，但也许我无意识中看到了什么，达成了事实上的作弊。我开始想：不好，我作弊了。于是我走上前对老师说，我刚才在测验中作弊了。"

从她的这段话中，你觉察到她回旋不止的想法了吗？你有没有感受到她的恐慌？她整个人是不是已经被她大脑中的杏仁核掌控，使得她的逻辑思维消失了？一开始，她相信自己没有看到任何答案，但在经历了一番焦虑的思绪之后，她"确定"自己作弊了，然后向老师坦白。

此外，我还从二十来个其他女孩口中听到过类似的故事。这是一种灾难式思维，在这种思维模式下，她们不仅相信最坏的事情可能会发生，而且相信实际发生的状况可能比她们预料的更严重。

  我今天会在学校里呕吐，大家都会看见。然后，我得回家换衣服，我的座位会空着，这样一来，每个人都会知道我吐了，整天都会嘲笑我。
  在田径运动会上，我会惊恐障碍发作。我喜欢的马克斯会在一旁看见我发作。他一定会觉得我又傻又怪，再也不喜欢我了。
  我的妈妈可能会出车祸而死，因为我没有多向她道别一次。
  如果我穿那件外套，朋友们会笑我的，她们甚至会在社交媒体上对我出言不逊，或者把我从照片里修掉，而且下次就不再邀请我参加聚会了。可能他们根本不愿意继续和我做朋友，也可能她们从一开始就没喜欢过我。

类似以上悲观的想法可能会在女孩们脑海里转啊转，一直转个不停。更糟糕的是，她们认为自己无力克制这些想法的产生。

低估自己的能力

认知行为疗法常用的一种练习是，请接受诊疗的人画圆圈，并在圆圈里写下或画出自己可以控制的事物，在圆圈外画出自己难以控制的事物。找我咨询的很多女孩都认为，她们在圆圈里什么都画不了。巨大的无力感压得她们喘不过气来，她们认为，无论她们怎样做，都改变不了什么。她们觉得自己不够勇敢，不够坚强，也不够聪明。

如果你的孩子容易焦虑，她一定会在某个时刻对自己产生错误的认识。正如前文所说，女孩们通常对自己非常严苛。也许她是一个完美主义者，并常对自己做出消极评价，而其他女孩对她的评头论足往往会令她更加伤心。她在成长过程中可能听到过一些伤人的话，这些话渗透到了她的自我认知中。当你听到她说"我做不来"、"我不知道该怎么办"、"我永远都做不到"或"别人都能做到"时，你就应该知道忧虑怪兽已经伤害了她。她不仅是在质疑自己的能力，更是在质疑她自己。

虽然她确实可能无法控制自己的处境，但她可以控制自己每次应对问题的方式。不过，她要想做到这一点，可能需要你的提醒。

产生错误记忆

焦虑影响人的记忆。准确地说，焦虑会让人记不住自己美好而勇敢的经历，记不住自己曾与忧虑怪兽抗争过且打败了它。相反，焦虑会让人记住自己经历的每一次糟糕事件，并让人基于这些不快的经历来推测未来可能发生的事情，而对美好的经历不予理睬。焦虑深植的土壤就像一个失衡的债务信用系统：积累的只有债务，信用值从不提升。

这就意味着，当你的孩子陷入焦虑时，她可能不记得自己前一天的勇敢表现；不记得当自己迈入教学楼后，感受到的学校里的一切美好；不记得自己在戏剧表演中准确无误地说出了台词，甚至享受其中；不记得那些让自己感到自信自豪的时刻。即使她战胜了忧虑怪兽，她也无法感到快乐，因为她根本不记得了。她记住的只有忧虑怪兽的伎俩。

诸多研究结果表明，消极事件对人产生的影响大于积极事件，这是由大脑加工情绪和记忆时的运行方式决定的。《纽约时报》的一位记者就此采访了斯坦福大学传播学教授克利福德·纳斯（Clifford Nass）。纳斯认为，当人处于消极情绪时，会进行更多的思考，且相比于处于积极情绪时，人对信息的分析更全面、更彻底。所以，相对于快乐的经历，人更倾向于对不愉快的经历产生情绪反刍，并用意义更强烈的词汇来描述它们。纳斯描述的是大脑完全发育成熟的成年人的情况，而我谈的是未成年的女孩。她们还在成长，大脑尚未发育成熟，由于杏仁核的作用，她们容易产生过度反应，同时低估自己，所以她们往往会产生扭曲的判断和自责。产生错误记忆的孩子会有一种典型的表现，就是常常问很多问题。

不停地提问

几年前，我们在霍普敦组织了一次儿童心理健康夏令营，参与其中的一个女孩当时深受焦虑的困扰。除了睡眠时间，她基本上每半小时就会问至少一个问题，如："我们接下来干什么？""几点钟吃午饭？""什么时候去湖边？""几点钟睡觉？""明早几点起？"一直回答她的问题令人精疲力竭。我在上一章提到过，患有焦虑症的孩子希望得到且会不停地向他人索取舒适感和确定性。她们可能当下就想知道接下来会发生什么，且在 30 分钟后可能会再次确认。我们在霍普敦的日程安排得很紧凑，但对焦虑的孩子来说，她们可能依然感觉安排得太松了。她们害怕灵活变通，而这是她们需要培养的一项重要技能。

你的孩子每天会问多少问题？她会重复问同一个问题吗？在《为什么聪明的孩子会焦虑》一书中，艾莉森·爱德华兹提议父母为孩子设定"5个问题"原则，即每天只允许孩子对同一件事提出 5 个问题。其实，你的孩子向你提问是为了寻求宽慰，得到她想要的舒适感和确定性。她信任你，所以才向你提问，并不停地提问。

读到这里，你可能也会产生焦虑：我能做些什么？当孩子问了许多的问题以后，我应该怎么办？我怎样才能让她停止问问题？她为什么要问这么多问题？我怎样才能分辨出，她是真的想知道答案，还是她在焦虑的驱使下才问问题的？为了缓解你的不安，你可以参考以下几种方法。

如果你的孩子对某一件事重复提问，你需要给她设限。"你只能对同一件事问 5 个问题，所以你要想清楚你最想知道的是什么。"这样一来，她可能就会镇静下来并开始思考，这是对抗忧虑怪兽很重要的一步。在她开始思考自己到底想问哪些问题的过程中，她的恐慌感往往会消失。你也可以反过来问她问题，比如问她："我为你做早餐一般需要花多少时间？你认为我们几点可以开始用餐？"你还可以对她表示共情，问她开放式问题，比如问她："你好像在害怕什么，你觉得你在怕什么呢？"我问问题时最喜欢直面忧虑怪兽："是你自己在说话，还是你因为焦虑才这么说的？"

但需要注意的是，如果你一直在回答你的孩子提出的问题，到了一定程度，你就相当于给了她的忧虑怪兽一个甜头。如果你突然停下来，忧虑怪兽便会急得发狂。

在下一章中，我会详细讲述心理学上的"退行性突现"（extinction burst）①现象，这种现象表明，你的孩子需要应对的困难来源于她的心理机制，而不是你。让你的孩子无休止地提问题也是忧虑怪兽的常用伎俩。

忧虑怪兽对父母所施的诡计

前文提到，被焦虑困扰的孩子会寻求他人的宽慰。此时，你很容易陷入试图安慰她的困局之中，想要帮她摆脱灾难式思维和夸张的想法。但一旦你开始安慰她，她可能会不断地索取更多的安慰。她的需求会变得更加强烈，整个人也会变得更加愤怒——你又将面临新的问题。

加大对孩子不良行为的容忍

在心理治疗领域，愤怒被认为是一种次生情绪，也称表层情绪。在愤怒之下，往往潜藏着其他情绪。对孩子来说，焦虑往往是引发愤怒的主要情绪，或称深层情绪。尤其是年幼的女孩，她们大多并不具备理解和描述自己感受的能力。在很多次的咨询中，父母们来找我讨论他们年幼的孩子的愤怒困扰，而到最后，我们聊的却是孩子的焦虑问题。

愤怒在每个孩子身上的表现通常并不一样。无论陷入焦虑的孩子们是否遭受了创伤，在面对消极评价时是陷入焦虑还是努力挣脱，是向外爆发还是

---

① Extinction burst 是一个术语，比较接近的中文翻译是"退行性突现"，经常用来描述在尝试改变某个行为模式时，不良行为在最初阶段可能会突然变本加厉地出现，或在消除不良行为习惯时可能出现的暂时性反弹现象。——编者注

内部崩溃，她们都需要寻找舒适感和确定性。不过，她们无法从内在获得，所以她们会依赖外在的安全感，而父母常常是她们安全感的来源之一。她们喜欢问假设性问题，如果她们得到的答案不能驱散她们愈演愈烈的焦虑，那么她们就会提出更加苛刻的要求。例如，一大早，她们可能就想要知道全天的行程。她们不愿接触新事物和陌生人，并尽力回避一切可能会让她们感到焦虑的事情。很多女孩会把焦虑情绪发泄到父母身上，因为对她们来说，父母可以带给她们最大的安全感，她们可以肆意地发泄。她们可能在上学的路上哭个不停，见到老师后又重新振作。她们可能会在朋友面前克制自己的焦虑情绪，但当见到父母以后，她们的伪装就会立刻消失。因为对她们来说，父母是安全的。父母难免会受到冲击，而这正来自孩子对安全感、踏实感的追求。

焦虑的孩子会过度关注自己的情绪和需求。基于这种意识，她们会变得苛求无厌、颐指气使，尤其是针对父母。

如果你的孩子的焦虑和需求以愤怒的形式表现出来，这时候，你需要对她进行管教。在我和同事参与授课的每一次养育论坛上，我们都会强调，边界感会给孩子带来安全感。当她们意识到自己并不是家里能力最强的人时，会感到更加安全。父母与孩子之间的边界感也会塑造孩子的自信心。如果她们表现得十分糟糕，却没有受到任何惩罚，她们就会认为自己发脾气是对的，并继续强化这种行为，直到使之固化成性格的一部分。

一开始，你可以对孩子提出警告，比如告诉她："我知道你很生气，但你不能这样和我说话。"或者对她说："我知道你说的一切都是焦虑在作祟，但我现在希望你花一分钟的时间来调整呼吸，然后用更尊重我的方式重新说一遍。"由于她在当下可能并不知道自己说的话听起来很愤怒或不礼貌，所以你要先给她一次警告。接下来，你可以告诉她，如果她仍然不能控制自己的愤怒情绪，她将承担某种后果。如果她在家里控制不住自己，终有一天也会在学校或其他场合爆发，到时候会影响她与朋友之间的情谊以及未来的亲密关系。

代替孩子思考

在养育论坛上，我经常还会谈论另一个我很喜欢的话题，就是共情与提问的神奇套路。比如："听起来很难，你打算做点什么呢？""我能看出，忧虑怪兽正准备向你发起攻击。""忧虑怪兽在对你说什么？你觉得它说得对吗？你认为它正在使用哪种伎俩？"

你可能很想帮你的孩子把事情联系起来，告诉她焦虑对她产生的影响，并帮她解除焦虑困扰，但你一定要克制住。因为如果你帮了她，她就会期待你一直帮她。你要记住，你的孩子渴望独立，而且你希望她掌握解决问题的能力。你希望她启动大脑中负责思考的区域，以便打败忧虑怪兽。只告诉她不要再焦虑了是没有用的，教她自己开动脑筋才真正有效。当你的孩子焦虑时，别急着帮她捋清事件的逻辑，而是要向她提问、与她共情，在这个过程中，她会学会自己去解决问题，并逐渐提高自信心。

掉入问题陷阱

忧虑怪兽的另一种伎俩是利用令孩子焦虑的事物本身。例如，当你的孩子冲你喊"我怕这条狗会咬我"时，你能做出的最自然的反应就是告诉她，狗很乖，不会咬她的。接着，她在焦虑的影响下可能会问另一个问题，比如关于你外出办事时的安全问题。这个问题你很容易就能回答她："我会没事的。我不在你身边时，不会出什么事的。"你就这样陷入了"问题陷阱"。当你回答了孩子的上一个问题后，很快她的下一个问题就会接踵而至。而在不同的场景下，你会从你的孩子口中听到一个又一个令人焦虑的问题。如果你玩过"打地鼠"游戏，你一定体会过类似的感觉。其实，问题并不出在狗身上，也不出在交通安全上，这些年你的孩子担心过的事情也都不是问题本身，真正的问题在于她内心的焦虑。面对这种情况，你需要帮助她武装起来，与焦虑直接对抗。

孩子可以这样做

预测焦虑

生活在世界上，人总会遇到困难。但我想强调的是，如果你的孩子容易焦虑，那么对她来说最重要的工具之一，就是对经常出现的焦虑问题做好心理准备。她需要学会预测焦虑何时出现，尤其是在一些特定的情形下。

如果她对社交感到焦虑，她可能会从周日晚上就开始担心，因为第二天就要重返校园了。如果她有分离焦虑，那么她会在你出差前感到忧心忡忡。无论她的焦虑是哪种类型，如果晚上她没事可做，那么她一定会觉得这段时间很难熬。你可能不仅希望她可以预测焦虑何时出现，还希望她拥有足够多的足以击败忧虑怪兽的技能，以便在它出现时击败它。特定的时间和场景容易引发你的孩子产生焦虑，此时，她越能预测出引发焦虑的诱因，就越能在它们出现时尽快想出应对方法。

为想法命名

你可能听过这样一句话："第一个想法往往是不对的。"在心理学的"12步康复法"中,这种现象被称为"错误的第一想法"。无论这种说法是否正确,其背后的道理适用于焦虑,因为人首先产生的想法往往是令人焦虑的。正如前文所说,引发焦虑的思想来得很快,而在它们到来之时,我们希望女孩们能有所意识,并相应地给它们取一个合适的名字。心理疗愈领域把错误的想法称为"认知失真",我们也可以称之为"焦虑的才智",虽然这种想法并不明智。

你的孩子最容易出现哪种认知错误呢?希望她能分辨出自己的行为是否受焦虑的影响所致,并能识别出自己内心真正的声音。给焦虑命名,是一种隔离焦虑和孩子的方法,能让孩子更容易认清自己。

你可以想办法把这个过程变得更有趣。孩子不一定必须叫它"忧虑怪兽",也可以叫它别的名字。如果你的孩子十几岁了,可以给它取一个符合青少年风格的有趣的名字。目前,正在找我咨询的一个小女孩把"忧虑怪兽"叫作"鲍勃",她还设想它的声音听起来像米老鼠或唐老鸭。她在给它画像时,画了一张呆呆的脸庞和一束看起来很滑稽的头发。实际上,击败一个有形的忧虑怪兽要比内在抗争更容易。因此,给忧虑怪兽取个名字,学会识别它的声音,这样一来,就更容易击败它了。当它的影响变得足够微小时,你的孩子就可以利用更多的技能来与之抗衡了。

寻找证据

近十年来,我接触了很多想要成为犯罪现场调查员的女孩,比我过去任何时候接触的都多。她们并不知道，"神探南茜"在20世纪30年代曾独领风骚，激励了一代又一代女孩立志成为侦探。无论你的孩子是6岁还是16岁，她都能捕捉蛛丝马迹，找到证据来对抗忧虑怪兽。忧虑怪兽"发威"是基于她的恐惧，而不是基于事实。困扰她的是问题发生的可能性，而不是问题本身真的会发生。忧虑怪兽试图让你的孩子相信，发生过一次的事情会重复发生。因为她会高估困难并低估自己，而且在她这个年龄段，思维方式通常是简单化、两极化的。

因此，她需要寻找线索，以便对抗忧虑怪兽并证明自己的勇敢。她可以从令她感到焦虑的想法开始，并弄清楚以下问题：

- 她担心即将产生的不良后果是什么？
- 这种不良后果曾发生过多少次？
- 如果不良后果发生，影响会有多严重？
- 再接下来会发生什么？
- 结果到底会有多严重？（引导孩子一直思考下去，直到她发现自己最终依然安然无恙）
- 她最近一次的勇敢表现发生在什么时候？
- 她什么时候与忧虑怪兽较量过，并做了令她害怕的事情？
- 有什么证据证明她无法对抗忧虑怪兽？
- 有什么证据证明她很勇敢，她可以成功，且比自己认为的更有能力？

你的孩子需要做的是勇敢向前，明白自己拥有足够的能力与能量，可以完成令她害怕的事情。此外，当她掌握了下一章介绍的方法以后，她也会确信自己的能力与勇气。不过在此之前，她首先需要进行调查，搜寻证据。

上周，我与一位高一女生见了面，我让她对自己做了一些"调查"。她患有社交恐惧症，这影响了她对过去和未来的看法。她认为她的朋友会发现她们并不是真的喜欢她，而且她还认为这种情况以前发生过多次。虽然她有不少朋友，但并不认为她们都是真正的朋友。她会歪曲事实、看低自己，遇事总认为最坏的结果不可避免。后来，我和她讨论了心理学研究中的观察者偏差理论，该理论认为，人一般会通过观察得到自己想要的结论。也就是说，如果她在寻找她的朋友不喜欢她的证据，那么她很可能会找到，即使她只是看到某个朋友在走廊上瞥了她一眼，她也会认为这就是证据。这其实是忧虑怪兽的伎俩，让她觉得朋友对她说的话不感兴趣，甚至对做她的朋友都不感兴趣。当然了，根据观察者偏差理论，如果她寻找的是她的朋友喜欢她的证据，也会很容易找到。

我了解这个女孩，我知道她一定能找到她的朋友喜欢她的证据，因为这是事实，我也喜欢她。目前，她只不过是把能力用在了对忧虑怪兽有利的地方，而没有用来鼓励自己变得更勇敢。她需要做出改变，而且在这个过程中，她应该更霸气一些。

反向发号施令

女孩们其实也可以擅长发号施令。比如，当你的孩子感到焦虑时，她可能会训斥她的弟弟妹妹或家里的狗；她可能会骄傲地把手背在身后，或充满蔑视地摇晃着手指，专横的样子不输任何人。其实，她应该学着调转方向，勇敢地直面忧虑怪兽。

当女孩们被大脑中的杏仁核掌控时，她们与自己的对话常常会放大恐惧。"你做不到。""在这个事情上，你很差劲。""上次这么做时，你看起来蠢极了。""别人都在旁边看你笑话呢。"这样带有自我批评意味的声音会向她们涌来。塔玛·琼斯基把这种思维方式称为女孩的"焦虑大脑"。科学家发现，人的大脑更擅长处理反复思考过的事情，这种现象被称为"神经可塑性"。所以，无论你的孩子多大，她可能已经熟练掌握了"焦虑大脑"的技能，而你更希望她理性思考，反过来向忧虑怪兽发号施令。那么，她该怎么做呢？

首先，她需要先让身体平静下来，摆脱杏仁核的掌控。然后，当她重新进行思考时，要设法控制自己的焦虑。比如她可以对自己说："忧虑怪兽，你控制不了我！我再也不听你的了！"这样，她就能明白，她可以通过各种方法战胜忧虑怪兽。

"我们家安了警报系统，如果有人闯入，我就会马上发现，我的父母和警察也会发现。"这是一个女孩最近在我的咨询室对她的忧虑怪兽打的一个比方。虽然她需要做一些练习，但她的父母允许她说些无礼的话，这对她来说是一件很好玩的事情。她可以用一种很幼稚的声音说，也可以编几句歌词唱出来，甚至可以一边吐舌头一边在屋子里来回跺脚。无论她用哪种形式，她都可以使用自己的语言、发出自己的声音，并勇敢地直面忧虑怪兽。她还可以调动自己的聪明才智，与"焦虑大脑"对抗。当她更多地尝试反向指挥忧虑怪兽时，她就能变得更加坚定，拥有更强的信心，继而变得更强大、更聪明。

第 5 章
帮助孩子提升认知

设置忧虑时间

有一种方法可以帮助女孩给焦虑设置边界，即认知行为疗法中的涵化①。如果你看过《我们这一天》(This Is Us)这部美剧，你应该知道剧中的角色们使用过这种方法。在某一集中，兰达尔和贝丝坐在车里并开始变得焦虑，他们轮流说出了自己关于女儿最深的恐惧，并先从谈论女儿德娅开始：

兰达尔："德娅再也不会改邪归正了，最终会进监狱的！该你了。"
贝丝："她会在我们俩睡着以后杀了我们。该你了。"
兰达尔："她在我们睡着以前就会杀了我们。该你了。"
…………

他们的对话持续了好几分钟，很快，焦虑就消失了。这就是他们允许自己在焦虑中耗费的所有时间和精力。他们控制住了焦虑。

涵化的理念在于，采用某种方法帮助孩子遏制住焦虑，并将其搁置一段时间。**她可以找一个"焦虑盒子"或"焦虑罐子"，如果她年龄大一点，还可以把令她焦虑的事记录下来。**一般来说，只要她产生了忧虑的想法，她就需要立即遏制住它，等到了忧虑时间再进行思考。忧虑时间的长短都是提前安排好的，每次最多 15 分钟。如果你的孩子向你提出了令她焦虑的问题，不要马上回答她，等到焦虑时间再答复。到时，你可以回答她所有的假设性问题。然后，与她共情并耐心倾听，并提醒她哪些方法可以用来抗击忧虑怪兽。

---

① 涵化（containment），指对情绪或情感的包容、抑制和遏制。——编者注

对你的孩子来说，等待焦虑时间可能很难熬。但只要她做到了，她就会明白自己可以控制焦虑，也会明白她足够强大。往往在她等待焦虑时间的过程中，其灾难式思维会逐渐淡化，夸大可能性的倾向会逐渐弱化。她会重拾理智和自我。你甚至可以延长她等待的时间，以锻炼她的自控能力。但是，不要让她一直等到晚上睡前才回答她的问题，因为睡前聊天可能会导致她在睡前一直想令她焦虑的事，甚至导致她无法入睡。

聆听孩子的声音

在我为女孩提供心理咨询的超过25年的时间里，我工作中最重要、也是我觉得最有意义的部分，就是帮助女孩们发现自己的能力和价值。尤其是现如今来看，这一点显得更为重要。除了忧虑怪兽，女孩面临着太多的敌人，有来自外部的，也有来自她们自身的，她们需要了解并学会发挥自己的能力，认可自己的价值。她们也需要清楚自己的信念是什么以及如何表达。我经常对来找我做咨询的孩子说一句话，这句话很多美国的孩子也都听说过，它最开始是由心理学家丹·阿伦德（Dan Allender）说的："**在这个世界上，只有你能认识你自己，只有你能展现你独一无二的天赋，其他任何人都做不到。**"当你的孩子学会发挥自己的能力并发现自己的价值以后，你就会知道她能给世界带来什么。

鼓励你的孩子去练习吧，让她学习发挥自己的能力，就像前文提到的其他训练一样。例如，在外出用餐时，让她给自己点菜；如果她想要番茄酱，让她自己去要；当她想吃披萨时，时不时地让她打电话叫外卖。我认识一些女大学生，她们在打电话点餐时还会感到恐慌，这让我感到有些意外。多向你的孩子提问题，问问她对时事的看法。在表达自己对某部电影或某段演讲的看法之前，先听听她的看法。她需要通过练习来认识自己。即使她对自己的认识并不清楚，或者她还没有找到问题的答案，但你向她提问既代表你不仅想听她的心声，而且也很关心她是什么样的人以及她想表达什么样的思想。

父母可以这样做

昨天，我在一场活动上发言，但我感觉自己搞砸了。在我发言之前，先是一位参会者点评了几句。她并没有任何恶意，但触及了我一个特别脆弱的点。问题是，我当时并没有意识到这一点，我的发言又确实受到了影响。直到后来，我脑子里的想法转个不停，忧虑怪兽俨然已经控制了我，我才有所察觉。接下来，我来聊聊当时发生了什么事情。实际上，有两个版本：我脑子里的版本，以及他人眼中的版本。

我当天演讲的主题是"了解孩子的关系世界"。这对我来说是一个新主题，我没有那么熟悉，无法畅所欲言。我不确定自己能否给听众提供最有用的素材。我希望自己做到这一点，因为我是个完美主义者。对孩子们来说，交朋友和维持长久的友谊需要很多练习。对于这样的演讲主题，每个家长应该都很想听，但我面对的听众并不是家长。

我开始讲到，从幼年阶段开始，男孩就通过沟通建立等级秩序。他们喜欢玩竞争性游戏，争输赢。在游戏结束前，一般会有人受罚，如"警察抓小偷"游戏。而女孩则通过沟通建立联系。她们玩的游戏包容性更强，每个人扮演一个角色，场景通常设置在家里或在学校。

听到这里，在场的每一位男性听众似乎都显得不高兴了，我心里开始发慌。于是，我以自嘲的方式讲了一段我并不常讲的个人经历，想活跃在场的气氛。但听完我的经历以后，台下的听众似乎都只是对我产生了同情，而有些人看起来依然恼怒，还有一些人微笑地看着我，仿佛他们在安慰一个在班级演讲中忘记带演讲稿的小学生。当时，我恨不得早点结束演讲。在结束前，我还差点说错话。接下来的一段时间，我一直都感觉非常烦恼，无法排解，满脑子都是这段糟糕的演讲。第二天早上睡醒后，我仍然想着这件事。

我开始认定自己并不是真的喜欢写作，因为我写的问题总会出现在我自己身上。我大脑中的杏仁核发出的错误警报让我很难受，令人焦虑的、充满自我批评的想法挥之不去，根本没有乐趣可言。一大早，我在还没有完全睡醒时突然发觉，我的这种感受与处在忧虑之中的女孩的感受完全相同！

如果你在现场听了我的演讲，那么真实的情况应该是这样的：听众们已经接连听了3天的演讲，一些重磅嘉宾在我之前做了发言，讲了许多有趣的故事，而我个性比较内敛，无论会场多大，我都希望通过听众的表情得到反馈。我在会场的座位位置不利于发言，整个会场的布置像一间心理学教室，光线昏暗。听众刚吃完午餐回到会场，肚子饱了，状态却很疲倦，我想他们只是很高兴能坐一会儿。在我演讲时，一开始听进去的听众依然在听，当然他们对我讲的话题可能并没有投入多少情感。有些听众则听着听着就走神了，这很正常。当我讲到作为成年人，我们的内心仍然可能有种种挣扎时，有些听众表现得有点不满了。我在每一次演讲中都会提到这一点，因为我认为每个人都应该认识到这一点。很多听众对我提供的视角表示了感激，而对其感到不适的只是少数。大多数听众听我的演讲时都露出了微笑，有的甚至笑出了声。演讲结束后，有几个听众向我提问，还有几个听众走上前来向我表示感激。在我等车去机场时，有听众向我走过来，他们询问我能不能去教会办一次家长论坛。这让我感觉到这次主题演讲很成功。不过，我自己一个人去不了，因为我需要帮助。同理，你的孩子也需要帮助。

忧虑怪兽可能正在扰乱她的大脑，这会导致她精神内耗。你应该也有过类似的感受，你肯定也经历过无数次类似的情形。要让你的孩子自己从回旋不止的自我批评和焦虑中解脱出来，可谓难上加难，因此她需要你的帮助。

当她需要抵抗焦虑的工具时，你可以提醒她用哪些方法来让她的身体恢复平静，但必须由她自己去试，以控制她的杏仁核，你无法代替她。你能做的是帮她转换思维。在她刚开始学习使用本章提到的方法时，你最好深度参与其中。接下来，当她练习得越来越多，你就可以逐渐减少参与，她会逐渐实现自主练习。不过，至少在一开始，你也要学会使用她的方法。

读到这里，你应该已经知道你的孩子将会与焦虑展开持久战。但她还不知道，也不知道如何作战。如果你的孩子孤立无援，无法预判焦虑的诱因，那么她将一次次被忧虑怪兽击倒。另外，她可能不知道其他孩子也会焦虑，她会认为自己是唯一一个从会场回家后心情沮丧的人，我当初就是这样想的。如果她意识不到自己并不是与忧虑怪兽单打独斗，那么她的处境会更加艰难。你需要告诉她，其他孩子也会忧虑，还要告诉她，在对抗忧虑怪兽时，她并不是孤军奋战。你要和她站在一起，帮她留意忧虑怪兽对她思维的影响。

观察和记录女孩的焦虑

常有向我咨询的父母们对我说，他们的孩子在几秒钟内就会变得十分焦虑。他们所言非虚，前文曾提到过，令人焦虑的想法瞬间就会产生。对这些孩子来说，这种感觉来得比他人更快。不过，焦虑会通过特定的规律产生影响：孩子的想法首先影响她们的情绪，接着会影响她们的行为。要想帮助她们控制它，需要先学习和了解这个规律。

你的孩子的焦虑是如何开始的？也许在某个周日的晚上，你正在帮她挑选她第二天早上去学校要穿的衣服，而她不喜欢你挑选的第一件，然后她突然间就完全崩溃了。这可能是导致她崩溃的第一个原因。她可能嚷得越来越大声，情绪也越来越激动，可能还会把过去一周你做的所有令她不满意的"错事"全说出来，并指责你是不合格的父母。接着，她不停地切换话题，试图把你拉入争吵之中，她就像一个溺水的人，想要抓住你来获得拯救，但这只会将你带入混乱之中。

一定是某件事刺激了她，导致她开始焦虑。这时，你需要帮助她认清导致她焦虑的诱因是什么。你还要后撤一步，弄清楚到底发生了什么事。比如，她的大脑不在思考状态，为什么会这样？她在焦虑什么？可以让她做几次深呼吸和正念。如果她仍然无法摆脱令她焦虑的想法，就让她活动活动。可以问她问题，以便转移她的注意力，比如问她："你知道我今天遇到谁了吗？"这时，她需要停下来，想一想你的问题。在认知行为疗法中，这被称为"转换频道"。等她冷静下来以后，再和她聊一聊。你可以对她说："我觉得原来让你焦虑的问题今天又出现了。"然后问问她，她认为发生了什么事，但不要对她进行说教。她可以屏蔽你的说教，却回避不了你的问题。你要帮助她用自己的语言描述情绪。

我的同事莫莉会指导孩子们画火山，并让她们在火山上写下自己从情绪升级一直到情绪爆发的所思所感。"我心里产生了一个可怕的场景……我感到很沮丧……我控制不了它。"然后，莫莉会指导孩子们在火山的四周写下有助于她们恢复平静的方法，比如面对恐惧时的正方形呼吸法，感到沮丧时如何控制忧虑怪兽等。接下来，莫莉还会让她们在画面顶部写下情绪爆发后失控所带来的后果。你可以和你的孩子一起画这样一幅火山图，也画一幅给你自己。通过这种方式，你可以帮助你的孩子直观地体会到焦虑产生的进程。也许在情绪爆发过程中，她更多的是哭泣而非发火，但无论如何，她都需要了解自己的焦虑的发展过程。她需要探究自己的思维是如何影响情绪的，以及如何进一步影响她的行为的。

此外，我曾建议找我咨询的女孩做一本"焦虑日志"。我希望你也能为你的孩子做一本，在她焦虑之后，把相关情况记录下来。比如令她焦虑的事是什么；按从 1 到 10 的水平，她的焦虑程度有多严重；她向你诉说了哪些想法和感受；它们对她的行为产生了什么样的影响；哪些方法帮她恢复了平静，等等。在你审视她的焦虑时，你同时会发现，哪些事会加剧或减轻她的焦虑。这样一来，你会从中学到更好的方法来帮助她，并最终把对抗焦虑的主导权交给她。如果你能深入地了解你的孩子焦虑的心理进程，那么你和她就不会一直在与焦虑的战斗中落于下风了。

学会温暖地回应孩子

当你的孩子被焦虑困扰时，你们两个人可能都会抓狂。你想晓之以理，给她安慰，但她的态度可能摇摆不定，并无休止地向你提问，或者她会淹没在强烈的情绪中而无法自拔。这时，你的回应对她来说非常重要，她需要从你身上获得以下几点：

温暖。塔玛·琼斯基通过研究发现，有焦虑症孩子的父母往往很难给予孩子温暖。他们不会经常对孩子表示关爱，也不会经常微笑，且对孩子情感淡薄或对孩子产生消极影响。我也有过这样的体会。我常常遇到这样的父母，他们并不是冷漠，只是疲惫且沮丧。你很可能也是如此，而你的孩子仍然需要你给予她温暖。根据丹尼尔·西格尔的研究，可以通过某些方面来预测孩子是否具备自控能力，情绪协调是其一。你给予她的理解和温暖能给她带来平和，二者不仅有助于她平静下来，还有助于她在身陷焦虑之中时仍然能感受到自己被爱着且很安全。即使你的孩子情绪爆发了，她可能仍然想要取悦你，而当她从你的反应和表情上发现你很失望以后，她会更加焦虑。

理解。她的焦虑会让你们两个人都感到沮丧。但她确实很焦虑，她的情绪爆发得越激烈，说明她的焦虑程度越严重。她希望你认真对待她这个人，而不是她的焦虑。"我听到的是你的焦虑，还是你自己的话？""听起来好像你被焦虑控制了，我想听的是你的声音。"你的孩子希望你带着暖意倾听她的焦虑，并给予她共情与怜悯。她希望你尽最大的努力理解她的焦虑如何影响着她，她不仅想把它控制住，也想实现情绪协调，这样她就可以学着控制自己了。而正如前文所说，如果一直由你来帮她解决问题，那么你就需要一次又一次地解决问题，她则永远学不会自己使用解决技能。

客观判断。《圣经》中有这么一句话："要给我们擒拿狐狸，就是毁坏葡萄园的小狐狸。"葡萄园是欢乐的象征，而小狐狸代表着麻烦。我们都会遇见麻烦，给它们取适当的名字是有好处的。对你的孩子来说，她需要在你的帮助下客观地看待焦虑。你可以将她的忧虑比作"小狐狸"，也可以直接用"小焦虑""中等焦虑""巨大焦虑"等词来帮助她形容当前的状态对她的影响有多大。当她被焦虑困扰时，她会将自己的想法和感受放大，而当你帮她培养客观判断的能力以后，她会得到很大的帮助。

自信。无论你的孩子现在在哪里，在楼上睡觉、在教室里坐着，或是在爷爷奶奶家里过夜，无论她是5岁还是15岁，无论她的焦虑程度有多严重，对她来说，最重要的事情之一就是找到自己的声音。没有你的帮助，她自己是无法做到的。可以多向她问问题，以启发她表达自己的见解。让她知道，你对她的现在和未来都有信心。另外，让她在家里承担一定的责任，如做家务。当你赋予她责任时，就是在告诉她，她有能力完成这些职责。其实，做家务对孩子有赋能的效果。帮她寻找实现目标的途径，当她奉献自己、照顾他人时，她不仅可以体验到成就感，还能培养自信心，而自信心可以抵抗焦虑。不过，不要把自信误解为傲慢。我认识很多骄傲自大、养尊处优的女孩，她们比其他女孩更加焦虑，因为她们的自我太膨胀了。自信的孩子通常更加确信自己的能力。当你的孩子处于充满温暖、理解和安全感的亲子关系中时，她会更有信心打败忧虑怪兽，无论它给她带来多少阻碍。

帮助孩子做练习

前文提到的方法就像一块块肌肉，只有通过练习，它们才能更加强健。而在练习过程中，你的孩子可能会感到不适，这是正常的。实际上，我建议你故意让她有点不舒服，以便促使她学会解决焦虑，寻找自己能行的证据，并控制焦虑。陪她不断地练习吧，并设法把这个过程变得有趣。可以用洋娃娃或毛绒玩具和她一起进行角色扮演，设想忧虑怪兽会发出怎样的声音并进行模拟。同时，记得用积极的语言与自己对话。而且，在生活中与自己对话时，也要给你的孩子展现出积极的心态。她需要在感到不确定和不舒服时进行练习，她也需要看到你这样做，因为生活和忧虑怪兽难免会带给她很多的不安与不适。

忧虑怪兽不仅会让你的孩子面对很多不确定且难以预测的情况，而且会导致很多争论并影响她的思想。对此，只要你的孩子信仰足够坚定，充分了解自己，她就可以驳斥忧虑怪兽引发的所有企图误导她的论点。

当你在一旁看着你的孩子与焦虑作斗争时，就让她自己来应对吧。一开始，你来教她方法，当她开始实践以后，就让她把学到的东西教给你。每天找些时间和她坐下来聊一聊，倾听她分享自己感到勇敢的时刻或她在对付忧虑怪兽的过程中是否又有进步。在这场斗争中，你的孩子每向前一步，都是在进步，她也会离找到自信、发现自我的能力和摆脱焦虑更近一步。你要相信，她一定可以打败忧虑怪兽，并发出自己勇敢、坚强且智慧的声音。

更好地了解焦虑

1. 忧虑怪兽首先会攻击女孩的身体，其次会攻击她们的头脑。

2. 对忧虑怪兽了解得越多，它就越虚弱。而越受制于它，它就越强大。

3. 在攻击女孩的头脑时，忧虑怪兽常用的伎俩有：夸大可能性、灾难性思维、低估自己的能力、产生错误记忆以及不停地提问。

4. 忧虑会导致女孩失去记忆，使她们根据最坏的可能性来设想自己的处境和自身能力。

5. 在她们提问时要设限，这样她们就会慢下来并开始思考，她们的恐慌也就有时间慢慢消退了。

6. 女孩的焦虑困扰常常以愤怒的形式表现出来，如可能会在父母身上发泄愤怒。如果她表现得很糟糕却仍然可以全身而退，她会认为自己就是这样子的人。

7. 女孩需要在他人的帮助下练习解决问题、学会独立。提问和共情

第 5 章
帮助孩子提升认知

对她们都有帮助。

8. 内容陷阱指的是人们不断对女孩具体焦虑的事物做出回应，却忽略了她们的焦虑本身才是问题所在。这是忧虑怪兽最常用的伎俩之一。

9. 如果女孩学会识别引发焦虑的诱因，她们就可以更快地抛开令她们焦虑的想法。

10. 给忧虑怪兽取个名字，可以削弱它的威力。

11. 女孩需要在他人的帮助下理清思路、寻找证据，并在令她们焦虑的想法产生时能控制忧虑怪兽。

12. 在控制焦虑时，女孩的"理性脑"会控制住她们的"情绪脑"。

13. 创设忧虑时间能帮助女孩学会遏制焦虑，让她们知道自己其实可以控制焦虑。等待一些时间，忧虑常常会自动平息。

14. 在生活中以及在与忧虑怪兽作战时，女孩最重要的是发出自己的声音。她们需要在他人的帮助下使用并珍视自己的声音。

15. 所有的焦虑都有其循环路径。女孩需要他人支持自己，在双方共同探索的过程中，他人能给予她们理解、温暖、客观判断和自信。此外，她们也需要多加练习。

RAISING WORRY-FREE GIRLS
更好地了解自己和孩子

- 据你的观察，忧虑怪兽是如何和你及你的孩子斗争的？
- 你的孩子有没有夸大可能性或灾难性思维的倾向？你最近一次察觉到这种倾向是什么时候？你自己有哪一种倾向？
- 你如何看待你的孩子低估自己的能力？
- 在与忧虑怪兽作战时，你的孩子何时会积极行动？
- 你的孩子在焦虑时会发怒吗？你过去是如何对待她的行为的？将来你的处理方式会有哪些不同？
- 你如何才能不再帮你的孩子建立逻辑联系，而是帮助孩子学习更多解决问题的方法？
- 孩子陷入了什么样的问题陷阱？你如何通过回应改变问题走向？
- 从生活的情形中寻找证据，哪些证据可以证明忧虑怪兽的存在？哪些证据可以证明你的孩子有勇气击败忧虑怪兽？
- 和孩子玩角色扮演、做游戏，练习控制她的忧虑怪兽。
- 和孩子一起设想忧虑时间。她会如何隐藏焦虑？她希望把这段时间安排在什么时候？她认为这段时间对她来说有什么帮助？
- 你的孩子的焦虑有何发展规律？你的呢？
- 你一般如何回应孩子的焦虑？
- 在这一周里，你准备如何帮助你的孩子练习应对焦虑？

第6章

帮助孩子更有信心

焦虑首先会攻击孩子的身体，接着会攻击她的头脑，然后会攻击她的心灵，并影响她做出的决定。

焦虑会导致你的孩子灰心丧气，让她认为自己软弱无能，无法做到她想做的事情。临床心理学家唐·许布纳（Dawn Huebner）表示，忧虑怪兽擅长让简单的事看起来复杂，让复杂的事看起来无法做到，而这源于孩子们的恐惧困扰、完美主义倾向和不安全感。同时，忧虑怪兽还擅长搞破坏。

由于忧虑怪兽的阻碍，你的孩子可能会在周一一大早胃痛发作，于是，她不得不缺课一天。而等到周二上学时，她可能会感觉有点奇怪，不过她仍然会在你的哄劝下去上学。到了周日晚上，她可能会再次感到恶心想吐，结果下周一又不得不缺课一天。她很可能连续3个周一都要缺课，而如果再下一个周一班级组织野外考察，她自然更不可能参加了。接下来，她很可能又担心周五晚上的生日聚会了，因为没能和同学一起参加野外考察，她感觉自己像个局外人。每天早上，上学变成了一件令她感觉越来越困难的事情。一开始，学校的老师或心理咨询师可以安慰她，慢慢地，他们的方法也不管用

第 6 章
帮助孩子更有信心

了。而且,你很快会发现,她开始逐渐远离朋友、失去勇气、心灰意冷。这时,如果你试图强迫她做任何事,她会对你和自己怒气冲冲。

你该怎么办呢?

你很可能会设法克服自己心中的恐惧。但对于你的孩子,你会担心自己的所作所为会让她感觉更加糟糕。也许你在小时候面对焦虑时,你的父母曾让你想办法克服,而你当时感觉糟糕透了。因此,你希望你的孩子能感受到被理解且确信自己是安全的。也许容她短暂休息一段时间,一切都会好起来。

问题在于,你依然希望你的孩子今后可以参加野外考察,掌握在餐厅点餐等生活技能,并希望她离开家参加夏令营活动,因为她真的应该和其他孩子在一起,她躺在卧室里或依赖你的时间太长了。和孩子在一起也许很好,但你心里明白,有些情况已经每况愈下了。

通常,逃避会导致焦虑加剧。这句话听起来很严重,事实也的确如此,而且你的孩子真的需要做一些令她害怕的事情。如果你帮她把这些事情都挡在身外,那么她就会觉得自己确实做不了。你提供的帮助反而让她觉得她需要他人的帮助,而且还会让她觉得问题太严重,而她太弱小,无法应对。这难免与你的期望背道而驰。

你应该让你的孩子认识到,有时她的确会感觉有些不舒服,感到忧虑、别扭,然后产生惧怕。每个人每天可能都会有类似的感受,即使是看起来充满自信和安全感的女孩也是如此。正如我的一位朋友所说,勇气是与恐惧共存的,而不是因为恐惧的消失而存在的。你还要让她知道,她一定能战胜焦

139

虑，她拥有足够的聪明才智来处理生活中的问题；而且，她也有足够的勇气，可以做超乎想象的事情。

也就是说，你的孩子不止需要你的教导，她更需要从经历中体会，在她力所能及的范围内慢慢地征服恐惧的感觉。在此之前，你和她都要先了解忧虑怪兽会用哪些伎俩来阻碍你们。

忧虑怪兽对女孩所施的诡计

几年前，一位妈妈向我讲述了她和孩子的爸爸为孩子们创造的一次惊喜，当时他们打算带孩子们去迪士尼乐园。男孩们听到消息后欢呼雀跃，而他们家唯一的女孩却没有那么兴奋。女孩平时常常陷入焦虑。当父母打包好行李，拖着箱子，戴着"米奇耳朵"和迪士尼魔法腕带到学校接她时，她突然大哭起来，并喊道："什么？去迪士尼？我们不能去迪士尼！我不知道我们要去迪士尼，我还没准备好！"然后，她继续解释道，"我不能和我的毛绒玩具们说再见，如果我不回家，它们会非常担心的！我绝对不能去迪士尼！"

在我看来，这个女孩很善良，她很爱惜她的毛绒玩具。但问题是，她对每件事都希望自己能有预测性，这种需求或者说苛求可能会使她错过与家人一起创造冒险回忆的机会。如果她的父母为此感到迷惑，那么她真的要错失良机了。

希望一切都可预测

无论面对何种形式的转变，对有焦虑倾向的孩子来说都是很艰难的。如果父母离异，那么在父母之间辗转对孩子来说可能是很艰难的，且会对她的情绪造成干扰。而对患有焦虑症的孩子来说，即使是从做作业转换到洗澡，这个过程都可能会很艰难。她们渴望可预测的状态，这样她们才会感到安全。无论父母是否知道，她们总有自己的计划。事件的走向和时间安排都在她们的预想之中。如果他人打破了她们的计划，如让她们去扔垃圾或准备睡觉，那么她会表现出焦虑。由于这些转换往往都与父母安排做的事情相关，因此，她们的反应更像是叛逆，而不是焦虑。她们可能会忍不住落泪，或愤怒地爆发，也可能会直接拒绝父母的安排。

一位找我咨询的小学女生说，她在学校几乎每天都会因为违背老师的指示而造成麻烦。当老师要求她停止写功课时，无论是午餐时间还是休息时间，她都置之不理，会继续写。她告诉我，她这么做是想确定她写的每个答案都正确。在彻底完成一项作业前，她不想停下来。我认为她这么做并不像是叛逆，更像是她完美主义倾向下的焦虑表现。老师没有留意到她追求完美的心，而把她的行为误解为叛逆，这让她的焦虑变得更加严重。

如果你的孩子感到焦虑，她可能也渴望可预测性，希望发生的一切都在她的预测范围内，也希望她制订的计划能让自己感到安全。更准确地说，渴望可预测性的是困扰她的忧虑怪兽，而你越退让，你的孩子和其他家属越是活在痛苦之中。因此，你不能受她的忧虑怪兽摆布。

总是反复确认事情

研究人员认为，广泛性焦虑症和强迫症的主要区别在于，后者存在强迫行为或程式化行为。广泛性焦虑症患者和强迫症患者都会陷入循环思维模式且难以释怀，但前者会建立一系列程序，让自己好受些。如：

如果我每天洗手的次数足够多，我就不会生病。

如果我锁两次门，就没人能闯进我家。

如果我在睡前按特定的顺序说特定的话，怪物就不会从床底下爬出来抓我了。

仪式又被称为安全行为。当然了，表现出安全行为的孩子或成年人并不一定都源于强迫症。他们可能是因为焦虑才如此，只不过以强迫症的形式呈现出来。但无论如何，安全行为的目的都是一致的，那就是寻求安慰。例如，你的孩子可能希望你在她上校车之前，对她说3次"我爱你"，而当她被令人恐惧、回旋不断的想法困扰时，她希望你能安慰她。而且，她可能还会认为这种仪式和你的安全有某种联系，比如认为你对她说3次"我爱你"，可以神奇地保你平安。而如果你不说或只说了2次，她会认为你有可能会发生灾祸。

去年，我在一次朋友的聚餐中遇到了一对夫妇，他们的女儿正在接受我的心理咨询。他们说，尽管女儿泪流不止，他们仍然把她留在了家里。这个女孩已经13岁了，正常而言，晚上她自己在家待几小时应该完全没问题，但在她的父母来餐厅的10分钟内，她已经给他们发了17条短信了。我在心理咨询的生涯中，也常常听到类似的事例。例如，父母在家附近遛个弯儿，都会不停地收到家里惊慌失措的孩子发来的信息。使用电子产品发信息可能已成为你的孩子的一种安全行为，正如一种由她创建的寻求安慰的仪式一样。

你的孩子创建仪式的问题在于，她并不会因此而变得强大，反而她的焦虑会得到强化。通过仪式感，她也许得到了她渴望的安慰和可预测性，但她对掌控一切的需求也变得更加强烈了，这反过来会加剧她的焦虑。

第 6 章
帮助孩子更有信心

控制欲强

在我的咨询经历中,我遇到的焦虑的孩子常常有很强的控制欲。她们并非故意想要控制他人,她们这么做是希望暂时地"解决"问题。她们通过创建仪式、建立规则来获得安全感,但一旦这一程序被扰乱,其存在的弊端就会暴露出来。你很可能从自己的孩子身上就能体会到。即使你每天晚上需要多花一点时间按你的孩子的要求在睡前亲吻她并对她说一些特定的话,也要比处理她的情绪爆发要简单得多。你可能会为了她开心和家庭和谐做出退让,当然也可能是你并未意识到这是个问题。

我曾和一位患有焦虑症的四年级女孩聊天,她很可爱,热情友善且反应敏捷,在我认识的这一年龄的女孩中,她的举止可谓最为得体。和这样一位聪明能干的孩子交流让我感到愉快,但她的控制欲几乎要颠覆她和她家人的生活了,至少她已经快接管弟弟妹妹的生活了。

从她还是个婴孩时起,我就认识了她的父母,那时他们对她的一些行为已经感到有点担心了。在她 3 岁时,她对第二天早上起来整理床铺这件事感到焦虑,以至于她会半夜醒来把床单铺平,把枕头放在满意的位置,这样她才能重新躺下入睡。几年以后,她陆续有了 3 个弟弟妹妹了,她的控制欲变得越来越强。她的弟弟妹妹对她建立的体系造成了极大的破坏,她的弟弟尤其热衷于搞破坏。也因为她的弟弟,他们这 4 个孩子几乎每天上学都迟到。有时,她的弟弟玩得不亦乐乎,不肯停下;有时,她的弟弟还没出门,衣服就已经脏了,需要再换。可以想象,上学迟到对追求完美的她来说意味着什么。憎恨已经不足以形容她对她的弟弟的态度了。后来,她开始在前一天晚上帮她的弟弟挑选衣服,并整理好了给他。她告诉我说,当弟弟妹妹把家里弄得一团糟时,她必须重新收拾好,因为如果她不这么做,她会感觉不对劲儿。问题是，在有 4 个孩子的家中，很可能在未来的 15 年里，很多事情都会不对劲儿。

控制欲是焦虑的一大组成部分。焦虑症患者都确信，掌控一切就能解决问题。对他们来说，至少在下一个对安全行为的需求产生以前，问题已经解决了。

很快，你的孩子可能也会更加信任安全行为的作用，并超过对自己的信任。她对控制的需求开始出现问题，因为她可能不仅没有学会控制焦虑，反而被焦虑控制。如果她认不清忧虑怪兽的真面目，识别不出它的伎俩，那么她将一直受制于它。由此一来，她可能不得不越来越努力地跟在弟弟妹妹后面收拾残局，在学校里洗手的次数变得越来越多，并在睡前多检查一次门是否已经锁好，等等。她学不会变通，仍然依靠这些安全行为来获得掌控感，只有掌控了一切，她才能感到舒服。但这往往并不是真实的生活。

不停地问

焦虑的女孩内心常常有无穷无尽的问题，比如：

如果我的朋友没去怎么办？
接下来我们要做什么？
如果他们笑话我怎么办？
如果我做不了怎么办？
明天我需要坐公交车吗？
…………

我最近接触了一对夫妇，他们对我说，每天晚上入睡前，他们的女儿都会问他们第二天出门是不是得坐公交车。而在过去的4年中，她每天都坐公交车上学。实际上，问这个问题对她来说已经成为一种安全行为了，而她的父母的肯定回复对她来说则成为她入睡仪式的一部分。这听起来也许并没有问题，但事实上，这只会加剧她的焦虑。对焦虑的人来说，问题的答案相当于一种安慰，他们会因此提更多的问题，好像他们提的问题永远都不够，或者说他人给的答案永远都满足不了他们。他们并不希望他人掉入问题陷阱中并回复自己，而是希望他人反过来向他们提问，比如问他们：

你是因为感到忧虑才这么说，还是原本就想这么说？

在过去的一年中，你每天都是怎样上学的？你想怎样回应困扰你的忧虑怪兽？

上一次你因为忧虑怪兽的困扰提了很多假设性问题，你后来是怎么打败它的？

…………

要想让你的孩子控制忧虑怪兽，需要让她自己建立逻辑联系。你一定希望听到她发出自己坚定的声音，而不是来自我们的声音，更不是因为焦虑而发出的声音。

习惯性地逃避问题

在来找我咨询的父母中，很多人都会陷入的一个主要误区就是回避冲突：孩子发号施令，父母遵守执行。

一对来找我咨询的夫妇说："我们不知道应该强迫孩子到什么程度。"我知道父母都不希望让自己焦虑的孩子心里难受，且孩子当前面对的焦虑困扰已经很多了，他们不想再给孩子制造更多焦虑。孩子们一定不会说："爸爸妈妈，我很害怕，但我知道这对我有好处。"因为她们的杏仁核失控了，她们会在愤怒和泪水中崩溃。面对这样的孩子，父母有时会觉得太累，因此不想再起争吵。

有哪些事对你的孩子是真正重要，但她又一直在逃避的？逃避之后，她的感觉如何？

有个女孩找我进行心理咨询持续了好几年，最容易引发她焦虑的事情是离家。她对外出过夜的实地考察或教堂组织的放松活动感到恐惧，唯一令她放心的是我们组织的夏令营。她说："夏令营是唯一一个能让我在离家之后感到安全的活动。"但后来，夏令营对她来说也不安全了。

近几年来，焦虑症已发展成一种儿童流行病，我们一直在寻找最有效的治疗方法。我不得不承认的一点是，这些年来，我自己也经常为焦虑困扰。我劝说刚提到的这位女孩参加夏令营，并踏入了问题陷阱。我告诉她，一些与她关系亲近的朋友也会参加，她一定会玩得非常愉快，而且我也向她作了保证。后来，她每隔一段时间会参加一次，但更多的时候，她会待在家里，被焦虑困扰。每次当她待在家里时，她的焦虑就会变得更严重。最后，她决定不再参加夏令营了，我当时心想：她一定会为错过夏令营而后悔的；当她看到朋友们开心的照片以后，第二年肯定不愿再错过了。事实上，她后来确实后悔了。她对自己错过了一段令人愉快的经历感到伤心，并对自己都十几岁了还离不开父母一个星期而感到羞愧。但是，她从此再也没有参加过夏令营。前文提到过，焦虑会影响人的记忆。所以，当初我相信她会从错误中吸取教训，其实是我自己落入了逃避的陷阱。她充满懊悔地留在了家里，但她感受到的安全感大于她的悔意。忧虑怪兽借此展示了它的力量。

　　这个女孩需要的是完成这件让她感到害怕的事，你的孩子也需要做类似的事。因为逃避不仅会加剧她的焦虑，还会让她对自己的感觉变得越来越差。布丽奇特·弗琳·沃克表示："逃避会强化孩子们的恐惧，使得恐惧得以加剧和扩散。"她还引用了心理学家迈克尔·汤普金斯（Michael Tompkins）的一句话："减少逃避是克服恐惧和焦虑的主要方法。"你的孩子不需要做得多么好，但需要在你的鼓励下迈开步伐，突破可预测性、舒适感和控制欲，并摆脱忧虑怪兽诱使她感到安全的伎俩。她要学着对抗焦虑，而每当她不再逃避并勇敢向前时，她都会感觉自己正变得越来越好。

忧虑怪兽对父母所施的诡计

总是迁就孩子

　　"在女儿小时候，我恐怕是把她放在温室中养育的。"一位妈妈在和我交谈时表达了她的自责，她说自己助长了女儿的逃避行为。她一直迁就女儿，每当女儿必须面对某些处境时，她都会设法把女儿"解救"出来。

　　丹尼尔·西格尔和蒂娜·佩恩·布赖森曾解释道，父母的帮助会限制孩子学习的可能性。如果你迁就你的孩子，允许她逃避某些事情，那你就是在鼓励她依赖你，而不是让她学会独立。独立能让她感到自信，而依赖他人会增加她的不安全感。

　　"你好，我是赛西，很高兴你来找我。我带你参观一下吧，请跟我上楼，去见见我的小狗露西吧。"这是我对每个来找我咨询的孩子都会说的一句话。一般情况下,咨询部温暖舒适的环境会让她们感到放松。当我对她们微笑时,她们一般也会回我以微笑;然后,我会提到露西,我和她们就完全"破冰"了。90%的孩子都会跟着我一同上楼,不再回头看父母。而不愿跟我走的孩子往往患有焦虑症,她们很难与父母分离。

最近,一位8岁的女孩因为这个原因来找我咨询。她的妈妈事先给我打过电话,我原以为她会表现得很焦虑,但当我见到她时,却发现她笑得很开朗。当我让她和我一起上楼时,她从椅子上跳了下来,跟着我就走。在她走开之前,她的妈妈拉住她的手腕问:"你没有什么不舒服吧?"女孩的脸色瞬间暗淡了下去。实际上,在她的妈妈问这个问题之前,女孩一直都没问题。后来,她的妈妈跟着我们一起上了楼,坐在了我的咨询室门口,而通常其他父母都是在楼下的等候室等着。而且,在随后的50分钟测评时间内,女孩的妈妈又问了她4次,她有没有感觉不舒服。在我看来,这位妈妈过分顾及女儿的感受了。这是一种迁就孩子的表现。

其他过于迁就孩子的例子还包括,父母要求学校为孩子提供特别的帮助;或者向营利活动组织者施压,要求对方同意孩子在每晚睡前与父母打电话,而根据活动规则,为了不让孩子想家,活动期间是不允许孩子与家人打电话的。我曾经也遇到过这样的父母。科学研究证明,父母越迁就焦虑的孩子,孩子的焦虑症状反而会越严重。

布丽奇特·弗琳·沃克在书中写道:"在孩子患有焦虑症的家庭中,父母的迁就作为一种现象得到了深入的研究和广泛的记载。研究发现,父母迁就孩子的程度越高,孩子接受心理治疗的效果往往越差。"也就是说,当父母"顺应"孩子的焦虑时,父母就让忧虑怪兽有了更多的力量,这反而削弱了孩子本身的力量。

不过，根据我的观察，在某些目标时期，为孩子做出迁就性调整是有必要的。例如，我接触过一些女孩，她们表现出特别严重的恐慌等医学症状，以至于无法上学。她们的父母在老师和精神健康专家的帮助下，会在特定的治疗窗口期为她们办理休学，并利用心理咨询的时间和孩子一同培养应对病症的能力。经过这段时间，女孩们会逐步重回校园，且每周在学校学习的时间越来越长。

任何暂时性的迁就性调整都仅仅是暂时的，父母和孩子都要学着"断奶"。心理咨询师会理性地帮助父母制订计划，并弱化对孩子做出的迁就性调整，而强化孩子的应对能力。

关注孩子甚于孩子自己

作为一名心理咨询师，我听到过的最佳建议之一就是，"你不能比某个人本身更加在意他自己的问题"。但在过去超过25年的时间里，我一直都很在意找我咨询的孩子的问题，因为我太希望能帮她们解决问题了。而我越是要求她们、鼓励她们、对她们取得的进步表示欢呼，然后继续更加奋力地鼓励她们，我受到的阻碍就越大。这时，我通常会幸运地领悟过来：自己太过关心她们了。我关心得越多，她们就越不用心，她们可能会变得懒惰懈怠，并让我来为之代劳，也可能会反抗，变得逆反，这在青少年群体中尤为常见。

我常对来访的父母们说："你们不能比孩子自己更在意她的成绩或她破碎的友情。如果她的学习成绩低于某一分值，你们可以对她施以教导。但如果你们对她生活中的某件事产生了比她更强烈的情绪，她往往就会开始自我封闭或不再和你们谈论这件事了。令她焦虑的问题也同理。你们不能比她自己更努力地与她的忧虑怪兽作战。"

《自驱型成长》一书中写道："当父母比孩子更加努力地解决她们的问题时，孩子就会变得更加软弱，而不是变得强大。"为了对抗焦虑，你的孩子需要自己学会解决问题，让身体平静下来，转换思维模式，并使用她自己学到的应对技巧。你可以利用一些方法来帮助她，但对抗焦虑这件事必须由她主导，她需要通过自己的方法来使身体变得更强大，使头脑和心灵都变得更灵敏。

孩子可以这样做

学会用语言来表达情绪

当我和同事一起旅行、聊天时，我会随身带些书，同时还会带上朋友为我们设计的心情图，用来记录心情。你可以从网上或当地的文具店购买心情图。心情图中一般会画有带着不同表情的面孔，如开心、悲伤、愤怒、尴尬等。你可以多买几张，一张放在车里，一张贴在冰箱上，一张放在孩子的房间里，睡前可以拿出来看。我在咨询室里放了一份，以供每天使用。

上周，一位7岁的女孩因为焦虑问题来找我咨询，我让她在心情图上指出3种可以代表她日常心情的图片，她选择了分别代表"开心"、"骄傲"和"忧虑"的3张图片。我问她，她有没有过愤怒的感觉，她说没有。我又问她："那你感到过悲伤吗？"她没有回答，却反过来问我："悲伤和忧

第 6 章
帮助孩子更有信心

虑的感觉一样吗？"我当时猜想：对她来说，悲伤和忧虑这两种心情是一样的。

还有一位找我咨询的女孩会间歇性地被焦虑困扰。最近，她在假期结束后遭受了一次严重的焦虑困扰。随着我们聊天的深入，我了解到，她在旅途中感觉被她最喜欢的亲戚冷落了，她感到很受伤、很孤独，而她的这些感受在她身上都以焦虑表现出来。

我还见过一位患有严重焦虑症的高中女生。她是个过度友善的人，在找我咨询以前，有好几年，她在学校常遭霸凌，即使她多次转校，很多女生在不同的场合都欺侮过她。尽管如此，她始终不懂得该如何捍卫自己。她因为自己的遭遇而感到受伤和愤怒，但她不知道如何表达自己的愤怒，依然在努力做她想成为的人——一个友善的人。

在我接触的女孩中，很多焦虑的女孩不仅聪明，也常常很好相处、很体贴、很温柔，但都不愿意谈论自己的感受。她们在经历难过、伤心、失望甚至愤怒以后，都会以焦虑的形式表现出来。在她们看来，焦虑比其他情绪更恰当，不会让其他任何人感到难受。但她们越压抑自己的其他情绪，她们的焦虑就越严重。

我和朋友曾讨论过，人的第一座"情绪里程碑"就是情绪语言的发展，孩子们需要从这方面入手。要让孩子们学会使用表达自我感受的工具，用准确的语言描述情绪。愤怒是一种感受，而不是一种罪过，只要一个人没有因为愤怒而伤害他人，就不是问题。女孩们经历的悲伤、沮丧、尴尬、困惑以及其他被掩藏在焦虑之下的情绪，都是正常的。

在咨询过程中，我通常会先让女孩们从心情图中选3个表情，然后开始讨论心情图中所画的地上的绿草，确切地说，是讨论绿草之下的泥土。其实，女孩们的生活从表面上看"绿意盎然"，而这恰恰证明了下面隐藏着"泥土"，这些"泥土"代表着她们各种各样的情绪。这些情绪都很重要，需要聊一聊。我们要帮助她们像使用园艺铲一样，利用语言把深埋心底的真实感受表达出来，这样其他情绪就不会全都以焦虑的形式呈现了，她们也就不会掉入忧虑怪兽设下的陷阱里了。忧虑怪兽会利用孩子全部的焦虑，以避免被她们打败，而她们的焦虑本是其他情绪的集合。

尝试暴露疗法

暴露疗法是认知行为疗法的基石之一。这种疗法是从20世纪50年代开始发展的，主要是训练人们用一些不太让人害怕的方式做一些可怕的事情，也就是可能会引发人产生焦虑或恐惧的事情。根据美国心理学会的指示，通过暴露疗法，心理医师应当"为患者创造一个安全的环境，让他们暴露在令他们感到恐惧或想要逃避的事物面前。在安全的环境中面对恐惧的东西、活动或场景，能减轻患者的恐惧，并减少他们的逃避行为"。虽然通过这种方式可以减轻患者的恐惧，但他们仍然需要自己去做让他们感到害怕的事。

我在纳什维尔生活了30多年，我爱这座城市，但我也不得不说，它对我来说太大了。同时，纳什维尔还有一样我不喜欢的东西——蝉。在我看来，蝉看上去很恶心，它们会飞，发出尖利且吵闹的声音；夏天会蜕壳，并把壳留在树上。如果一个地方的蝉数量正常，并没有多大问题，但我所在的地区蝉太多了，它们有时会像瘟疫一样袭来，令人十分厌烦。庆幸的是，这样的情况平均每13年才会在纳什维尔发生一次。而每次过后，我都会认真

第 6 章
帮助孩子更有信心

考虑搬回阿肯色州，因为那里不会有蝉聚集生存。

在上一次瘟疫般的蝉灾之前，一个五年级的女生因为焦虑来找我咨询。她知道蝉灾要来了，因此非常害怕。我不能告诉她其实我也非常害怕，或许其他心理咨询师并不反感蝉，或者他们有应对方法。毕竟那个女孩已经惶恐地坐在我的咨询室里了，我必须和她一起面对。

通过暴露疗法，我和她一起讨论了蝉灾。一开始，仅仅是聊起蝉，她就很紧张。接下来，我让她把蝉画下来，而且画的蝉要做鬼脸或穿着睡衣。然后，我们一起上网搜索了蝉的照片，还做了一个游戏：她先说一句傻话，然后迅速转头看一眼蝉的照片，接着再把头转开。最后，我们在网上看了关于蝉的一些纪录片。慢慢地，她越来越多地暴露在她原本认为可怕的其他事物面前，在这个过程中，她的焦虑水平下降了。到了蝉灾真的来临时，我们依然感到恶心，也有些害怕，但对蝉的出现，我们不再感到无力以对。女孩为自己学会了控制恐惧而感到无比自豪。而我在出门前，仍然会穿上带帽的雨衣，把自己裹得严严实实，然后迅速从家门口冲到车上。

为了更好地帮助你的孩子理解和使用暴露疗法，可以给她画一架梯子，在梯子的顶端，让她写下一个具体的目标，比如在朋友家或祖父母家过夜。然后在梯子的每一级上，让她写下实现目标的每一个步骤。她的终极目标是学会在感到害怕的情况下也要坚持下去，无论她正处于梯子的哪一级。你的孩子可能会退缩，希望她在不害怕时继续，这时候，你要告诉她，生活并不是这样的。她只有先改变自己的行为，她的思想和感觉才会随之改变。正如《治愈孩子们的焦虑》（*The Anxiety Cure for Kids*）一书的作者所说："焦虑带来的痛苦，90% 都发生在引发焦虑的场景或经历发生之前。焦虑是一种预期障碍。"

你的孩子可以实现任何目标，攻克任何恐惧困扰，只要你支持她逐步尝试。在你帮助她设置目标时，可以参考以下两种形式的暴露疗法：想象暴露与体验暴露。顾名思义，想象暴露指的是在实践暴露之前，先想象自己在做一件令人害怕的事。例如，可以让你的孩子想象自己站在朋友家门口，接下来从进门开始每一步将会发生什么事，同时练习放松技巧。仅仅是让她在想象中描绘每个步骤，就可以减轻她的恐惧，并提高她的心理接受能力。通过想象，她可以很好地逐渐暴露于引发焦虑的情境中。

体验暴露也称实践暴露。例如，假设你的孩子害怕呕吐，你可以提前买假呕吐物模型让她玩。然后，可以让她试着发出一些呕吐声，或者你们全家可以一起尝试。这听起来可能有些滑稽，但把恐惧游戏化一般很有用。在体验暴露的过程中，还可以让她选一个毛绒动物玩具参与进来。例如，如果她害怕陌生人，可以让她尝试先让动物玩具和陌生人"见面"。当然了，你可能需要提前安排好，请某人来与动物玩具"见面"。在你的孩子独立做一件可怕的事情之前，可以找一个人适时地支持她、陪伴她。

暴露疗法还包括让孩子画一幅自画像，画中的她正在做一件令人害怕的事或在参加一次奇怪的考试，而试题都是关于某个令她害怕的事物的。

在暴露疗法过程中，无论是通过想象，还是通过实践，你的孩子可以找到无数种方法达到目标。而在她前进的过程中，她需要记得适时调整呼吸，并使用前文介绍过的其他方法，如正念以及反向控制忧虑怪兽。需要注意的是，她必须坚持不懈，并鼓起勇气继续向前。只有通过实践，她才能真正获得自信。

第 6 章
帮助孩子更有信心

多练习降低焦虑水平的方法

你的孩子越焦虑,她在完成任务的过程中获得的自信就越多。你希望她知道,即使她很焦虑,她也有办法应对,她可以打败忧虑怪兽。但是,只有她做出反抗,她才可能打败它。为了提高战斗力,她需要练习打败忧虑怪兽的技能。这种练习相当于抗击忧虑的力量训练。通常,孩子无法打败忧虑怪兽的主要原因就是缺乏练习。

每当你的孩子向目标迈进一步,她就需要重复她完成的事,直到她的焦虑水平回归正常。然后,她需要继续向前迈进。如果她的目标是体验一个令人恐惧的场景,那么她需要至少停留 5～10 分钟。停留得足够久,她一开始的焦虑情绪才会退去。这有点像她从浅滩进入深水区:先往前蹚一脚,感觉习惯以后再往前蹚一脚,最终她会完全入水,像一条游鱼一样游泳,勇敢地抵抗焦虑困扰。

举一个现实生活中可能发生的例子。假如你的孩子正因为学校方面的某些因素而痛苦,并产生了逃避心理,一段时间没上学了,那么她就需要逐步接受暴露疗法。你可以先向学校求助,一开始可以同意让她每两周回去上两节课;接下来的两周,可以同意让她在课上待一上午直到午餐时间;慢慢地,可以让她尝试在学校待一整天。

不过,在你的孩子练习抵抗自己的焦虑困扰时,你自己的焦虑可能也会冒出来:她能做到吗?是不是逼她太紧了?我经常听到这样的问题。事实上,毫无章法地逼迫孩子的确太过分了,而且会令她感到沮丧,而用合适的方法督促她做令她感到畏惧的事则恰到好处。这会给她带来能量,让她发现自己有能力且可以做到这一点。当你给她提供解决问题的方法时,她自己也

155

早已准备妥当。

解决导致焦虑的根本问题

你可能忙于为你的孩子提供资源，以至于她们没有培养出获取资源的能力。这其实是一个鸡生蛋还是蛋生鸡的问题。一方面，很多父母决心帮助孩子解决问题，另一方面，焦虑的孩子往往过于依赖他人的帮助来应对困境，而这自然不是父母想要的结果。研究发现，焦虑的产生与缺乏解决问题的能力无关，而与欠缺自信有关，即不相信自己具有解决问题的能力。

如果你介入了你的孩子的问题并试图代她解决，那么她自己可能就会退缩。无论她是出于恐惧、苛求还是出于惰性，她都不愿意再面对问题了。因为相比于她自己，她更信任你，而事实上，她需要坚定自己的声音并强化自己解决问题的能力。在成长过程中，她不止会遭遇一两个问题，你希望她学会独立思考，且在问题出现时相信自己的能力。而通过教你的孩子解决问题，你可以降低她患焦虑症的可能性。你可以让你的孩子列出她擅长的事，提醒她已经成功地解决了哪些问题，并向她提问。当你问她问题时，如果她说"我不知道"或"我做不到"，那你可以重启共情与提问模式，如：

你认为我做什么事可以帮到你？
你认为最好应该怎么办？
我觉得你很擅长解决问题。

每一次你向她提问并鼓励她解决问题，你就是在强化你对她的信任。而你提的问题和你对她的信心，又都将帮助她坚定自己的声音以及锻炼她解决问题和抗击焦虑的能力。

第 6 章
帮助孩子更有信心

父母可以这样做

帮助孩子建立主人翁意识并协助她

"她需要其他方法，你建议的方法没有用。"这些年来，我无数次听到很多女孩的父母说这句话。我发现，我建议的方法之所以没有用，是因为他们的孩子没有使用它们，或者她们只是在完全崩溃以后，马马虎虎地尝试了一次。如果你的孩子不信任这些方法，且使用时不投入，那么她们就无法取得良好的效果。她必须相信这样做能帮到她，而且你也要相信她能从中受益。当然，在这个过程中，为孩子提供奖励也是很重要的。但在一开始，你的孩子要有主人翁意识。

要让你的孩子在一些与焦虑无关的事情上发挥主人翁精神，比如做家务。只要她会走路，她就能帮着收拾玩具，即使她一次只收一件。再比如，她可以把自己的盘子端到餐桌上。随着她的成长，她对家庭的贡献会越来越大，慢慢地，她会承担作为一个家庭成员的责任。例如，她要自己背书包、自己拿行李箱，尽管它们看起来可能比她的个头还高。拥有主人翁意识和责任感不仅有助于她建立自信心，还会给她带来回报。请记住：她想要独立，她的自豪感建立在你对她的信任和她经历的磨炼之上。

拥有主人翁意识意味着你的孩子要居于主导地位，而你要支持她。你的任务是向她提问，相信她可以做好，你要表现得善解人意，且坚定不移。她的任务是打败忧虑怪兽。你肯定希望看到她最终能很好地解决令她焦虑的问题。

在对焦虑的女孩们进行心理咨询时，我会带领她们尝试运用多种能力。

在每次咨询结束前,我会请她们的父母加入进来,一起复习她们学到的方法。我会让她们告诉父母,她们可以如何抵抗焦虑困扰。她们的父母提出的问题会由她们来回答,而不是我。在教父母认识焦虑困扰的过程中,孩子占据主导地位,发出了自己的声音,她们会因此感到自豪。如果你的孩子能教其他人在被焦虑困扰时该怎么办,那么她会对自己学到的方法有更深入的体会。无论听她讲的是你还是她的毛绒玩具,抑或是她的狗,你的目的是让她把自己视作克服焦虑问题的专家。

在她讲完"课"以后,你就该发挥你的协作能力了。比如,在她画好"计划梯子"以后,你可以问她:"你的目标是什么?我怎样做才能支持你?哪一部分你可以自己做到?"你要以一种与她合作的姿态来向她提问,让她在抗击忧虑怪兽时拥有选择权。让她自己做选择可以给她带来掌控感,这正是她此时需要却又感觉不到的。

当在进展中遇到困难时,她可能更希望依赖你,而不是她自己,这时,不要轻易施以援手。当她向你求助时,你要反问她:"哪些事情是你可以自己做到的?我该怎样来辅助你完成?"如果她还没有向你求助或马上就要成功了,你忍不住想帮她,此时,你一定要克制自己,冷静一下。你要提醒她,你想要帮助她,而不想给她的焦虑困扰推波助澜。你甚至可以告诉她,你自己开始感到焦虑了,并觉得应该由你来替她应对焦虑困扰。你要用你的方法应对你的焦虑困扰,而她要用她的办法应对她的焦虑困扰。应对她的焦虑困扰是她的使命,而她的主人翁意识和你的协作会给她的生活以及她与焦虑困扰的斗争带来改变。

第 6 章
帮助孩子更有信心

给予表扬和奖励

你需要牢记一点，当你的孩子在应对焦虑困扰时，你要肯定她的每一次努力，关注她的每一次进步，并和她一起感受兴奋时刻。你要为她感到骄傲，你的回应就是她得到的最佳回报之一。你也可以为她提供具体的奖励，这对她也有益处。当你和她商量着设想出一系列奖励措施时，她的"投入"和"产出"都会明显增加。

孩子都希望自己的每一次努力都能得到即时的回报，对小女孩来说尤其如此。对于你的孩子，你可以使用记分卡、小玩具或其他小物件。我一般喜欢使用女孩们可以在房间里看得见的东西，比如很多女孩最喜欢的颜色鲜艳的小绒球。她们可能会用玻璃罐把小绒球收集起来，放在梳妆台上，看起来很有趣。而且，她们可以观察到小绒球一点点地变多，从而直观地见证自己对抗忧虑怪兽取得的进步。

我的建议是，在你的孩子每次"暴露"或采取勇敢行动之后，都奖励她一分或奖励她一个小绒球。当她得到一定的分数或小绒球后，可以让她换取一份她预先选好的奖励。你可以和她一起制作一份奖励计划表，并约定好不同的得分可以换取不同的奖励。如果她想得到大的奖励，那么她需要累积足够多的分数或小绒球。当然，她可以积攒分数换一份大的奖励，也可以换取几份小的奖励。

以下是关于奖励的一些基本指导建议：

- 孩子的年龄越小，越需要频繁地为其提供奖励。
- 不要以扣分作为惩罚，因为她可能被扣为负分，如此一来，她就需要重新开始积分，而这会让她感觉沮丧。

- 对孩子重复的勇敢行为给予奖励，但不要要求她连续做。对压力已经很大的孩子来说，连续几天每天都完成一项任务是难以承受的。比如，你可以和她约定，如果她自己睡 5 个晚上，就可以获得一次大的奖励，她什么时候累计完成都可以，不一定是连续的 5 天。

- 将庆祝环节作为奖励的一部分，尤其是当她完成某个重大目标时。

- 记住一点，孩子养成新的习惯一般需要 3 周的时间。

至于什么才是最好的奖励，对此，你的孩子的意见是最宝贵的。在开始暴露疗法之前，你应该坐下来和她聊一聊，什么样的奖励可以激励她。她可能会说一些或很多需要花钱购买的东西。

毋庸置疑，有形的回报会给她带来动力，比如书本、毛绒玩具、新唱片、新电子游戏或她很早就想要的某样东西。当然，奖励也可以不用花钱买，比如，你的陪伴就是最好的奖励之一。你可以和她一起骑行、玩游戏、野餐，或和她一起在她喜欢的餐厅就餐。另外，全家一起看一场她想看的电影，也可以作为对她的奖励。在我接触的女孩中，很多人喜欢点比萨、洗泡泡浴、晚点睡觉或在朋友家过夜。无论具体的奖励是什么，只要它对你焦虑的孩子来说有意义、能起到激励作用，那么它就是好的奖励。

如果你家里有多个孩子，那么你需要留意一点：孩子之间可能互生嫉妒。我常对找我咨询的父母们说，可以给每个孩子准备一个积分罐子。实际上，成年人自己也可以有，毕竟每个人都有需要克服的问题。男孩也许不乏勇气，但他们肯定也有需要锻炼的技能，比如耐心或自制力。以此为目标，你也可以为他建立一个奖励体系。实际上，每个家庭成员都可以拥有自己的奋斗目标和相应的回报选择。

从本质上来说，你的奖励其实就是你对孩子生活的关注。如果你更多关注的是她的焦虑，那么她的焦虑就会增加；如果你更多关注的是她的勇气，那么她的勇气会增长。因此，当你和她协作时，你有时需要给予她温柔的理解，而有时则需要表现出强硬的态度。对抗焦虑的过程充满了挑战，你和她需要投入足够的时间、精力和极大的勇气。

设置奖励不仅有助于你的孩子更加投入，也会使对抗焦虑的过程变得更加有趣。当她每一次尝试解决问题时，你要倾听她的想法、表扬她的努力，并给予她奖励。关注她采取的应对方法和做出的独立行为，相信她，并提醒她——她很勇敢，因为一路走来，她自己很多时候可能并不记得这一点。你需要持续不断地帮她记住并提醒她，还要对她每一点进步给予表扬。

坚定不移地相信孩子

正如多加练习是你的孩子打败忧虑怪兽的重要工具，坚定不移地支持她是你的重要武器。但有时候，当她被焦虑困扰时，你的坚定态度可能会导致她和你产生冲突。无论冲突源于她的焦虑困扰，还是源于你试图帮助她，你都要一如既往地为她提供奖励、支持与力量。

在一开始，很多孩子身上都会出现退行性实现的心理现象，这有点像酒精成瘾者戒酒前的纵情狂饮。一开始，你的孩子的行为问题会变得更严重，而这其实是忧虑怪兽的伎俩。她会变得更易怒、更爱哭，并提出很多问题。面对这种情况，你需要坚定不移，因为忧虑怪兽不会轻易被击败。而随着时间的推移，你的坚定态度终将获得回报。

焦虑的孩子做任何事往往都希望一蹴而就。一旦鼓起勇气完成一项任务，她们就会打定主意并大声宣布："我做到了！"她们想要独立，但同时又很害怕。毕竟，对于焦虑的她们来说，一次次地重复完成可怕的事情非常困难，且令人疲惫。虽然如此，但她们仍然需要一次次地重复去做这些事，直到她们不再感到害怕。在这个过程中，你的孩子希望你态度坚定、始终如一，并为她迈出的每一步加油喝彩。她一定可以做到，你也可以。

掌握灵活变通的方法

对抗焦虑的另一个重要方法是灵活变通。当一个人有意追求不确定性、突破舒适区时，他就能弱化焦虑并降低其影响。灵活变通与杏仁核的作用是互相制衡的：越是强化灵活变通的能力，就越能使杏仁核恢复平静。李德·威尔逊和琳恩·莱昂斯表示，事实上，灵活变通可以使杏仁核得到重置，继而使其发出错误警报的次数减少。

如果你的孩子患有焦虑症，你如何才能提高所有家庭成员灵活变通的能力呢？你可以在家中的安全场所练习，比如，所有家庭成员不时地更换餐桌就坐的位置，把早餐常吃的食物放到晚餐来吃；在整理床铺时，把枕头放成反方向；打乱睡前仪式，早上轮流叫醒孩子；等等。以上这些小小的调整对你的孩子学会灵活变通可以产生很大的促进作用。

和其他人一样，你的孩子在人生中也会遭遇不适。当事情和她预想的不一样时，她会很忐忑甚至失望。而当你们全家一起练习提高灵活变通的能力时，她会发现自己在感到不舒服的同时，依然可以葆有安全感。她依然没问

第 6 章
帮助孩子更有信心

题，依然可以应对。面对可怕的、不确定的事情，她依然能做她自己。正如李德·威尔逊和琳恩·莱昂斯所说，"恐惧、不确定感、不舒服、忧虑等，都是正常生活的一部分，它们的出现代表你已经迈步向前，步入了真正的人生，并正在获得成长。"你的孩子正在成长，她的进步可能看起来微小又缓慢，但她每向前迈出一步，都代表她有勇气面对一切。因此，你要多鼓励她，和她一起庆祝她的进步，并经常提醒她，在对抗忧虑怪兽的征程中，她已经取得了不错的成果。

读完本章，你可能已经建立了自己的梯形目标。而你的主要目标应该是帮助你的孩子成为她自己，让她发出自己的声音，建立信心，并培养解决问题的能力。在这个过程中，你要和她协作，帮助她发现自己是谁，以便她以真实的面貌面对世界。这样，她才能拥有良好的判断力，可以分辨自己的声音，看清前行的方向。而且，她不仅可以在面对不确定性时安然自处，还可以保持勇敢、坚强和聪慧。

更好地了解焦虑

1. 逃避问题会强化焦虑。如果你给予你的孩子帮助，你是在告诉她，她需要帮助。而她真正需要的是相信自己。
2. 勇敢源于恐惧。没有恐惧，就没有真正的勇敢。
3. 患有焦虑症的孩子渴望甚至苛求一切事情都符合预期。但这其实是她们的忧虑怪兽的伎俩，不能妥协。

4. 你的孩子的安全行为和仪式感并不能让她变强大，反而它们可能会强化她的焦虑。

5. 焦虑的孩子坚信，掌控一切会让她们保持安全。但其实，她们并没有学会控制焦虑，而是被焦虑控制了。

6. 不停地提问可能是孩子的一种安全行为。她们需要的不是答案，而是在他人的帮助下学会通过这些问题识别忧虑怪兽的声音，并设法控制它。

7. 逃避问题不仅会加剧孩子的焦虑，而且在这个过程中，她们的自我感觉会变得更糟。

8. 当你为了迁就你的孩子而做出调整时，你其实是在鼓励她依赖你，而不是让她学着独立。你越是迁就她，她的焦虑症状越严重，她击退忧虑的能力就越弱小。

9. 在你的孩子试图打败忧虑怪兽时，你不能比她更努力。

10. 焦虑的孩子常常把所有情绪聚集起来，并统称它们为"焦虑"，她们以为这是一种更合适的表达。对此，他人需要帮助她们学习掌握情绪语言，这是她们打败忧虑怪兽的基础和第一步。

11. 你在帮助你的孩子对抗焦虑困扰时，你要采取的必要措施之一是暴露疗法。每次给她设立一个目标，鼓励她加以练习，并在这个过程中培养她的自信和勇气，而且你要为她提供支持。

12. 解决问题的能力是抗击忧虑怪兽最重要的能力之一。焦虑的女孩常常质疑自己解决问题的能力。对于你的孩子，你要对她有信心，并向她提问，这样可以帮助她找到解决问题的思路。

13. 在抗击忧虑怪兽时，你的孩子的主人翁意识和你的协作同样重要。

14. 预先确定好奖励体系，这会增加她在对抗忧虑怪兽时的乐趣，也会激发她的积极性。

第 6 章
帮助孩子更有信心

15. 忧虑怪兽不会不战而退。有时候，你的孩子看起来好像在和你作战。这时，你要坚定不移、一如既往地为她提供支持与力量。

16. 对抗忧虑怪兽的另一种重要方法是灵活变通，它可以帮助你的孩子控制杏仁核从过度兴奋状态恢复平静。

RAISING WORRY-FREE GIRLS
更好地了解自己和孩子

- 孩子最近正在逃避或试图逃避的事物有哪些？
- 你如何看待孩子对可预测性和心理安慰的需求？
- 你观察到孩子有哪些安全行为？你自己又有哪些？
- 你是如何发现孩子有控制欲的？
- 孩子会不停地问问题吗？你一般作何反应？
- 你是否曾因孩子被忧虑困扰而在无意识中迁就她？列出 3 种形式的迁就行为。
- 在孩子对抗忧虑的过程中，你承担的责任是否比她还多？如果是，为什么会这样？
- 你和孩子准备如何在家里练习使用情绪语言？
- 你想看到孩子朝哪个目标迈进？你打算如何帮助她设立阶段式目标并加以练习？
- 你会如何帮助孩子培养解决问题的能力？
- 你如何激发孩子的主人翁意识？
- 和孩子一起坐下来讨论奖励激励，并列出 20 项不同得分的奖励。
- 在帮助孩子对抗焦虑的过程中，你能保持坚定不移吗？你有哪些可以做出改变的地方？
- 在家庭生活中，你会如何更多地以灵活变通的方式处理问题？

RAISING WORRY-FREE GIRLS

第三部分

摆脱焦虑

你会时常感到悲伤、愤怒甚至心灵受伤,但这些感受都不会定义"你是谁"——你是谁由你来决定。

第7章

对孩子抱有合理期待

前文曾提到，世人皆苦。不过，我们并不会一直遭受生活的苦难，而且我们遭受的苦难也可以让我们有所收获。

每个人或多或少都会遭受苦恼和磨难，女孩们也会。我们对此可以且应该有所预料，这并不意味着我们要沉溺于苦恼之中，而是要做好面对苦恼的准备。承受苦恼可以磨砺人的忍耐力，忍耐可以磨炼人的品格，而品格又能给人带来希望。

科学研究也证明，苦恼和挫折对我们也有益处。丹尼尔·西格尔和蒂娜·佩恩·布赖森在《如何让孩子自觉又主动》一书中写到，在从创伤中恢复的幸存者中，70%的人获得了创伤后成长（posttraumatic growth）。幸存者在应对创伤和生活中的其他挑战时，他们身上发生了深远而积极的转变。西格尔和布赖森写道："让孩子直面挫折，感受失望和其他消极情绪，甚至经历失败，有助于培养他们勇敢坚毅的品格。"

十多年前，我在一次路程约640千米的骑行中，学到了关于挫折和预

第 7 章
对孩子抱有合理期待

期管理的艰难一课。我与两个朋友一起参加了那场为期 10 天的为我所在的咨询部募集资金的活动。当时，咨询部想买下一座房子，用来作为给孩子们提供心理咨询的场所，我们原本打算完全通过募资把这座房子买下来，后来某个富足家庭慷慨地向我们赞助了 10 万美元。

1993 年，当我开始心理咨询工作时，我们的咨询楼可以说是当地最丑陋的一座建筑：外墙像是用石灰涂抹的灰色混凝土，室内闻起来像楼下美甲店里的气味；隔壁开了一家当铺，看起来不像在做正经生意。不过，虽然咨询环境有点不尽如人意，但当孩子和父母进入咨询室时，我们仍然会尽力让他们感受到温暖、宾至如归。我们把咨询部的室内大厅漆成了明黄色，泡好了香料茶，布置了挂毯，安装了台灯而非荧光灯。尽管我们已经很努力了，但仍然很难营造出温暖的氛围。我们希望做得更完美。

我和那两个朋友在一次晚餐中聊到募资买房子，并提到可以通过骑行活动的方式来实现。随即，那两个朋友表示支持，她们觉得这将是一场刺激的冒险。但我当时并不这么认为，因为我根本不擅长运动。除了滑雪，其他令人感到刺激的体育活动我都不愿意参与。后来，经由那两个朋友的劝说，我同意参与，因为我太热爱心理咨询工作了，而且我也想感受一下骑行的乐趣。

几个月后，我们置办好了自行车，准备好了路上吃的能量棒，便出发了。第一天，我刚骑行还不到 2 千米，我的自行车就爆胎了。接下来，对我来说，不是爬坡就是下坡。每天，我都会在某一时刻崩溃流泪，一般来说是在我骑行了约 45 千米时，这距离每天骑行约 65 千米路程的目标还有很长一段路程。而我的那两个朋友早已在我的视线中消失了。

骑行过程虽然艰辛，但到了终点，我仍然很高兴地说："我们做到了！"最终，我们三个人募集了 8 万美元。后来，其他人也参与了进来，募集到了缺口部分的资金。到现在为止，我已经在这里工作了十多年了，它承载了我的梦想。

在骑行活动结束几周后的某一天，我意识到了在 10 天的骑行中我身上发生了什么。我的确很累，骑行过程的确很辛苦，但更重要的是，骑行过程与我预想的不同。我原本设想着与那两个朋友穿行在美丽的乡间道路上，远处落叶满地、干草成堆，我们一起大笑，一起唱有趣的歌曲。但这一切都没有出现，或并没有按我设想的方式出现。我的设想妨碍了我享受骑行的过程，让我的心态垮掉了。

和我的这次经历一样，我在工作中接触的这一代孩子也常怀有不切实际的设想，当他们的设想无法实现时，他们的心态会崩塌。

社会对女孩有过高的期待

当代的社会文化

"我不知道是谁告诉你们生活不会太艰难的。"这是在去年暑假的霍普敦夏令营活动中，梅丽莎对孩子们说的令人印象最深刻且能给人带来希望的一句话。她继续讲到了生活真实的样子，以及生活往往包含诸多艰辛，比如亲朋可能会令人失望，事情可能会和希望的、预料的不一样，生活中总会遭遇痛苦。但她也提醒孩子们，除了痛苦，上天也有其他安排。

第 7 章
对孩子抱有合理期待

前文曾提到，出于对孩子的爱，父母常常介入孩子的问题，试图保护她们，帮她们遮风挡雨，使她们免于苦难的侵扰。很多父母的态度是：世上的确有苦难，但孩子们请放心，我们会帮你们摆脱苦难。

几年前，有一对夫妇对本地的一家排球俱乐部提起了诉讼，因为该俱乐部只给他们上中学的女儿安排了很少的打球时间，他们对此很不高兴。在这个世界上，但凡这对父母出手，他们的女儿就不会遇到困难。他们是在告诉她，生活不会也不应该是困难的。他们无疑是在传递错误信息。

当然，传递错误信息的不止是父母。如今的文化也会如此，尤其是精心设计的社交媒体账户。通过它们，孩子们时刻都在受到其他孩子的影响，并认为其他孩子的生活看起来轻松又完美：她们展示生日派对或聚会片段，看起来都很高兴；她们可以通过上传化妆视频、对口型假唱视频甚至制作黏胶视频成为"网红"；她们只需要一部手机好像就能做到一切，就能吸引朋友和"粉丝"关注她们。

如今，女孩们常通过他人在社交软件上展示的生活来衡量自己，她们常感觉其他女孩都比自己好看、苗条，过得比自己精彩、快乐，且又都被其他苗条而快乐的朋友包围着。她们还认为其他女孩没有遭遇过抑郁或焦虑困扰，甚至连悲伤和担忧都没有过。但同时，一些电视节目、影视作品和其他媒体好像在传递一种信息，即感到焦虑和抑郁看起来很酷、很前卫，这难免让女孩们付出沉重的代价。

社交媒体等科技产品及其创造的文化正改变女孩们的预期。近年来，我曾听很多女孩描述自己各种各样的期待，比如：

我在小学将会有一个最好的朋友，我们每个周末都会一起过夜，一起聚会玩耍。

我最好的朋友永远都不会丢下我，她做任何事都会叫上我。

我的成绩将会一直保持全优。

每个朋友都会邀请我参加他们的生日聚会。

我会在学校里找到一个朋友，她每天都能让我感到被接纳、被喜欢，而且她让我很有安全感。

我不会只考 94 分的，我会考 100 分。

我会找到一群最好的朋友，我们从初中开始就在一起，到了各自结婚的年龄，还能互相当伴娘。

当我满 16 岁的时候，我父母会给我买一辆装饰着巨大蝴蝶结的汽车。

上高中以后，我会交一个男朋友，他会邀请我参加各种活动和班级舞会，并为我制造浪漫。

我会在大学里遇到未来的丈夫，我们会一起旅行，一起去好玩儿的地方喝咖啡，在 30 岁前生几个孩子。我们每天都疯狂地深爱着对方。

我的丈夫会是一个完美的爱人。

我将会一直保持苗条，穿最小号的衣服。

有的女孩的预想则更夸张，比如：

无论何种处境，我都会勇敢面对。

我会一直保持友善的态度，永远不会感到失意。

我绝不会和任何人发生冲突。

我会一直对自己保持良好的感觉。

> 不管周围发生什么事,我会一直保持自信。
> 我会变得聪明且美丽,我也会爱护他人,并一直无忧无虑。
> 在这个世界上,没有什么事会让我感到苦恼。

其实,我并没有听女孩们大声地说出以上全部的话,但确实听到过一些。这些话反映出找我咨询过的很多女孩心中怀有的期待或期待落空时的失望。

我认为,不切实际的期待是如今抑郁症和焦虑症患者人数激增、自杀率飙升的部分原因。美国疾病控制预防中心进行的一项研究表明,自2000年以来,自杀死亡率上升了30%,成年女性自杀率更是增加了一倍。更令人感到悲痛的则是,同一时期,女孩的自杀率增加了两倍。

社交媒体正在影响女孩们的思考方式,比如以下想法:

> 我的生活应该像其他女孩的一样。如果她们的生活确实如此,那么这就是我期待的。一切本该如此,没什么值得感激的。如果我跟她们不一样,我就会感到失落,不知道如何面对和处理我的境况。我一定是有什么问题。我的生活太悲惨了,困难那么多,而我这么弱小无助,我什么都做不了。

对此,我们需要向她们传达一些不一样的、更科学合理的信息。

社交媒体时代更需要寻找生活的意义

我通过社交软件关注了很多作家和演讲者,除此之外,我只关注了最亲近的朋友，因为我对社交媒体的"高光时刻效应"（highlight-reel effect）①保持着警惕。旁观他人的生活，会使我忘记自己生活中的苦恼。但即便如此，我更希望得到来自同道中人的影响。

每个人都有自己的生活，但现实是，很多人在社交媒体上呈现的生活贴合了女孩们怀有的不切实际的幻想，继而影响了她们价值观。这些年，我接触了几千名来访者，我深深地体会到，社交媒体呈现的误导性信息正在对人们造成伤害。

当目睹失去孩子的父母从手机上看见其他"完美"的家庭正在度假时，我为他们感到心痛；当目睹关系疏远的母女在母亲节翻阅他人的动态，渴望更加紧密的亲子关系时，我也为她们感到心痛；而对于正在办理离婚手续的夫妇看到朋友在结婚纪念日秀恩爱的照片，我同样为他们感到心痛。每当重大节日来临，我都有这样的感受，平日也常常会有。人们会通过社交媒体纪念和庆祝生活中的重要时刻，我也会。但我知道，很多人的婚姻并不像他们在照片里展示的那样完美。我认识很多不同年龄段的人，他们都把某人当作自己最好的朋友，但后来，对方却在社交媒体上把"最好的朋友"头衔给了别人。

我并不想表现得很虚伪，因为我也在社交媒体上上传了不少带有积极意味的照片，但我希望自己说的都是实话，尽管有时候会说一些鼓励或赞美的话。我尽量避免刻意使用"最佳"或"最好"之类的表述。我也会上传一些有趣的、美好的事物的照片，但同时也希望展示我真实的生活模样。我这么

---

① "高光时刻效应"指的是，人们几乎总会选择以最好的方式来呈现自己、自己的生活及经历，以吸引他人的注意。——译者注

第 7 章
对孩子抱有合理期待

做既是出于职业操守，也是为了不伤害关注我的女孩以及其他内心脆弱的人或普通朋友。

这就是我们错失重点的地方，不止是在社交媒体上，也在大众的认知之中。我们在社交媒体上上传照片，呈现自己的生活方式，仿佛我们的生活就是女孩们期待的样子，但事实上并非如此，就像即使我的生活非常美好，它也绝不是我 17 岁时设想或祈求的那样。

最近，我读到一位我敬重已久但仍未成名的作家说的一句话，他的大意是，当我们在生活中获得了自己期望的东西，就会获得满足。我虽然还没有实现这一点，但我很享受自己现在的状态。一路走来，我实现了重要的人生意义，也经历了很多痛苦。在生活中，我无疑不乏苦恼。有些问题的解决过程听起来很励志，就像在灰烬中绽放的美丽花朵。还有一些问题尚待解决，但我相信我终将破局。令我担心的是，当我们把生活呈现为一种可以通过社交媒体整体上传的美丽幻想时，无疑会给孩子们造成危害。

我们往往相信生活就像 "1+1=2" 一样，努力一定会有回报。我当然也期盼事实如此。但是，我相信这样的认知并不能给我带来长久的快乐，而且世事无常，生活并不会如我期盼的那样。例如，有的人刚刚组建家庭，伴侣却意外去世；有的人事业一直无法如愿；有的父母心地善良，却未能养育出单纯善良的孩子。

但即便如此，我仍然相信，上天不会辜负每一个人，世间有美好的生机和光明，当然也会有烦恼。当孩子们长到一定年龄时，如果她们诚实地面对自己，她们就会体会到这一点。同时，她们也需要他人诚实相待，否则她们的预期与现实将无法契合，无法给她们带来希望。

青少年面对的现实困境

最近的一个周一早晨,我和同事受邀一起去了一所学校,去给学生及其家长和教职员工提供心理支持,因为就在前一天,一个初中男生结束了自己的生命。我们都为这一本可避免的悲剧感到痛心。

当时,那个男生的同年级同学列队进入学校设立的灵堂。在他们走进去以后,校长依次在他们每个人身上都轻拍了一下,看着他们的眼睛并对他们说"我爱你们""你们并不孤单""我与你们同在"等诸如此类的话。直到现在,每当回忆起那位校长慈爱的面庞和动人的话语,我依然会热泪盈眶。接下来,校长起身对学生及其父母致辞。他一开始说的几句话中有这么一句:"生活没有如果,如果有,那也是来自恶魔的伎俩。"

他说得对。正如前文谈到过的,你的孩子的假设性问题都来自忧虑怪兽。而当一位好友自尽身亡,我们因为失去他而悲痛不已时,如果我们再做假设,认为"如果……就可以阻止这一切发生",那么我们将会被困住。

我几乎可以断定,如今在美国,每一个13岁以上的青少年在学校中都认识某个尝试过自杀的同学,或至少谈论过自杀的话题。此外,有些孩子的父亲或母亲自杀去世,他们担心自己也可能会自杀。在"9·11"事件以后,美国的孩子正以我们这代人从未有过的思维方式思考恐怖主义、飞机失事和自杀性恐怖袭击。他们不断地听到关于谋杀和枪击事件的新闻,这些事件给他们带来的焦虑困扰是我们这代人在成长过程中想象不到的。

具有讽刺意味的是,孩子们为这个时代可能发生的重大事件做好了心理准备,但对私人生活中不可避免的小事会大惊小怪。

我们教孩子们在有人袭击校园时要躲在桌子底下，却没有教他们如何面对家人带来的失望；我们反复教他们防范霸凌，却没有教他们如何合理地解决冲突。这也许就是美国人的焦虑水平居世界之最的原因。我们给孩子们传递的信息是，难以言表的坏事可能会发生，却没有帮他们做好面对生活琐事和日常苦恼的准备。

你要教你的孩子学会在宏观环境的波动和私人生活的不安中生存下去，且不仅如此，还要葆有希望。

学会在逆境中坚守希望

还记得前文提到的女孩们的期待吗？你的孩子有什么样的期待呢？她又实现了多少呢？我当然希望她的一些愿望已经实现，但我猜想，大多数可能并没有实现或没有得到字面意义上的实现。她的期待有多少是你潜移默化地说给她的呢？换一种说法，你希望他人如何向你表达他们的期待呢？在我8岁或18岁时，我多希望听到父母对我说：

你会一直都有好朋友，虽然他们不一定是最受欢迎的朋友类型。
朋友善不善良，永远比她酷不酷更重要。
即使是你最好的朋友，她有时也可能会伤害你的感情或置你于不顾。
学会解决冲突比寻求一段没有冲突的友谊更重要。
在生命中每一段重要的亲密关系中，你可能都会遇到难关。
不是每一个朋友都会邀请你参加生日派对。

即使你不是某个人最好的朋友，也不代表你不是她的朋友，因为每个人都只有少数几个最亲密的朋友。

别人可能爱着你，同时又伤害了你，爱和伤害可以同时存在。

世上没有完美的朋友，没有完美的男人，也没有完美的少年。

每一个大学生都有感到孤独的时刻，有时他们会认为自己选错了学校，并希望可以转学。

世上没有完美的婚姻。

每份工作都可能会遇到困难，让你难过到想要跳槽。

做父母很难。你会疯狂地爱你的孩子，但在他们暑假结束、返回校园时又忍不住开心。

在生活的每个阶段，你可能都会不时被焦虑困扰。你不仅会为生活中最重要的人和事感到担忧，还可能会操心一些微不足道的小事。

你可能会时常感到悲伤、愤怒和感伤，甚至可能每天都会如此。但这些感受无法定义你是谁，你的自我由你自己来定义。

你永远不会感到百分之百自信。

你可能同时感到勇敢和恐惧。

你难免会失败。在你的人生旅途中，你可能会遇到各种各样、大大小小的失败。

你的失败也无法定义你是谁。

你可能会常常感觉自己有些不对劲儿。当你做某件事的时候，可能会觉得自己是唯一一个这样做的人；而当你不做某件事的时候，又可能会觉得自己是唯一一个没参与的人。其实，事实并不是这样的。

在这个世界上，你一定会有苦恼，而且还不少。

你可以一直葆有希望。

第 7 章
对孩子抱有合理期待

15 年前，我曾为一对夫妇提供心理咨询。他们 8 岁的女儿被诊断患有某种慢性病，医生告诉他们说，这种疾病目前无法治愈，终将夺去她的生命。他们没有放弃，顽强地四处为女儿寻求治疗方案，并让她尝试了各种能想到的方法。今天，他们的女儿不仅还活着，而且考上了大学，过得很好、充满活力。当时，女孩的妈妈给我看了一首女孩写的诗：

我是个相信天使的女孩，因为我曾历经苦难。
我想知道如何让我们生活的世界变得更加美好。
我听见远处传来天使的笑声。
我看见自己踏上百老汇的舞台。
我希望每个孩子都能接受教育。
我是个相信天使的女孩，因为我曾历经苦难。

我假装自己是个名角儿。
我感觉自己无所不能。
我会在夜里触摸温暖而柔软的被子。
我担心自己配不上这个美好的世界。
我在看到医院的病床时哭了。
我是个相信天使的女孩，因为我曾历经苦难。

我理解情感上的挫败。
我对别人说，一切终将变好；如果没变好，就是还没到终点。
我梦想自己是个名角儿。
我试着向社区伸出援助之手。
我希望有一天别人能把我当个好女孩看，而不只是个生病的女孩。

我是个相信天使的女孩，因为我曾历经苦难。

这个女孩自幼就不得不放弃对完美生活的期待，而实际上，她用期待换来的是更加持久的希望。我相信，她怀有的希望正是她历经苦难的直接结果。苦难并没有加剧她的忧虑，反而使她坚定了自己内心。最终，她的期待与现实处境融合在了一起。

戴维·克拉克和阿伦·贝克在《焦虑与忧虑手册》中写道："忧虑能起到的最好作用就是没有作用，最坏作用就是反作用。"基于我在焦虑问题上的工作与科研经历，我赞同他们的说法。焦虑对我们的心灵以及女孩们的心灵不仅百无一用，它们还会制造麻烦。聪明而认真的女孩完全可以学会预测忧虑甚至焦虑何时会出现。不过，专家们认为，忧虑是无用的，正如古语有言：不要为明天忧虑，因为明天自有明天的忧虑，一天的难处一天担当就够了。

最近，一位 11 岁的女孩来找我咨询。我们一起谈论了各种不同的心情，我还问她最常感受到的是哪一种心情。当提到忧虑时，她说："我平时不怎么感到忧虑。"说实话，我对此有些惊讶，因为她是几个月来第一个对我说自己不感到忧虑的女孩。然后她说道："我正在读一篇关于忧虑的文章。里面提到一则小故事。有两只鸟站在一根树枝上，一只对另一只说，'你看见了吗？树下有这么多来去匆匆、满怀忧虑的人。'另一只回答说，'我看见了，他们一定不像我们这样得到了上天的眷顾。'"

你的孩子在生活中一定会遭遇困苦，如果她身处困苦之中仍能相信自己，那么她终将获得希望。忧虑是无用的，而希望是有力的。

第 7 章
对孩子抱有合理期待

更好地了解焦虑

1. 在美国,今天人们对女孩抱有的期待比过去几代人都更高,希望却更渺茫。

2. 对女孩们期待的提高不仅源于她们所受的保护,还受到文化环境和社交媒体的影响。

3. 不切实际的期待导致抑郁症、焦虑症患病率以及自杀率激增。

4. 生活不一定是我们年轻时设想的样子,你的孩子的生活也一样。当她的期待与现实不符时,你要帮助她寻找到真实的希望。

5. 生活没有如果。

6. 你的孩子可能每天都要面对恐惧。

7. 在帮助孩子为大环境的动荡不安做好准备方面,人们往往做得很好,但常常忽略帮助她们应对日常生活中正在发生的事。

8. 我们不仅要帮助女孩们抱有合理的期待,让她们学习应对无法避免的问题,还要帮助她们明白并让她们坚信:困难与转机相伴。

9. 科学研究发现,苦难的确可以锻炼人的忍耐力,而忍耐又可以磨炼人的品格,最终使人收获希望。

10. 当女孩们舍弃不切实际的幻想时,她们也就迎来了长久的希望。

11. 在苦难之中变得更强大的,要么是女孩们的忧虑怪兽,要么是她们的心灵。

12. 焦虑无助于女孩们成长,而希望可以。在困难之中,她们需要坚定希望的信念。

RAISING WORRY-FREE GIRLS
更好地了解自己和孩子

- 你如何在不经意间保护你的孩子,让她不必面对"世人皆苦"的现实?
- 你认为你对孩子的期待是否受到当代文化和社交媒体的影响?
- 你认为她对自己的生活抱有什么样的期待?
- 你认为社交媒体对孩子的生活观有哪些影响?你自己在社交媒体上传递的信息有没有影响到她?
- 你的孩子对当下的哪些宏观问题感到恐惧?她做好了面对这些问题的准备了吗?她对这些问题有什么感想?
- 你的孩子在应对个人生活问题时都做了哪些准备?
- 重读本章最后一个板块列出的一系列期待清单。有哪些是你想让你的孩子听到的?你还有其他想加进去的期待吗?
- 你认为生活磨难给孩子的生活带来了哪些长远的影响?和她聊一聊如何通过锻炼耐心,收获希望,并把需要经历的每一步说给她听:经历患难、保持耐心、树立品格、收获希望。如果她仍然无法从自身认识到每一步是如何实现的,你可以从自己的视角给她指出来,并提醒她从中收获的历练。

第 8 章

让孩子内心强大的 4 个基石

我曾讲过很多关于我的小狗露西的故事。它很可爱，十多年来，她每天都会在我为孩子们提供咨询时陪伴我左右。莎士比亚的《仲夏夜之梦》中有这么一句话："虽然她看起来很小，但是她非常勇猛。"露西很符合这句描述，它是一只哈瓦那混血犬，毛发黑白灰混色且十分蓬乱，虽然它不足 4 千克，但很凶猛。

我给它取名"露西"，源于"纳尼亚传奇"系列中我最喜欢的同名角色。电影《纳尼亚传奇：凯斯宾王子》中的一幕让我获得了灵感，露西对狮子阿斯兰说："我希望我可以更勇敢。"阿斯兰独具风格地回答道："如果你更勇敢一些，你就是一头狮子了。"镜头切换到了一座大桥边，台尔玛人大军袭来，而大桥的另一边，露西独自向前。她从袍子里抽出一把小小的匕首，她将用它来打败一整支台尔玛人大军。阿斯兰，这个象征着天神的角色，安静而英武地走上前去陪伴露西，她显然更坚定了她的心。

Heart（心）这个单词在古希腊语的词源中，代表"怀着胆识和自信勇敢地走出去"。我的小狗露西也有这样的品质。我也希望你的孩子能做到这一点。

只要你的孩子坚定信心,她将会获得 4 种用以抗击忧虑怪兽的技能。事实上,它们不只是 4 种简单的技能,也是心灵的 4 块基石。正如苦难可以锻炼人的忍耐力,忍耐又可以磨炼人的品格,最终使人收获希望,在面对焦虑困扰时,信任可以增进人的耐心,耐心可以使人平和,最终使人收获感恩。所以,你们要互相信任,努力多付出一些耐心,以便多换来一些平和,最终学会感恩。一旦你们定下心来,一切就会水到渠成。这 4 块基石将支撑你们的心灵之屋,使你们不再被焦虑控制。接下来,我们具体来讨论这 4 块基石。

基石 1:信任

作家兼神学家亨利·卢云(Henri Nouwen)曾说:"**我们在忧虑的时候,把心放错了地方。**"我在研读关于焦虑的书籍时,发现很少有作者会写到信念。至少,很少有人研究信念与实际方法之间的交互作用,而这是我们所需要的。我们希望信念可以渗入生活的方方面面,尤其是让我们感到焦虑的方面。我们需要实操方法来抗击忧虑怪兽。不过,我们不只需要技能,还需要基石,而最根本的一块基石就是信任。

多年来,我的朋友梅丽莎常对霍普敦的孩子说的一句话是:"信任是焦虑的解药。"建立信任是开始心理咨询的起点,也是支撑《纳尼亚传奇:凯斯宾王子》中的露西走到大桥上的根本,她对狮子阿斯兰的信任远远超过了她对手中的匕首的依赖。匕首确实有用,但完全不足以抵御一整支台尔玛人大军,也无法抵御忧虑怪兽的袭击。

我们很容易会被无谓的琐事激怒，忘记了对他人的信任。对你来说，信任也许意味着相信你的孩子可以把她在学校里遇到的麻烦或与朋友之间的麻烦解决掉，并相信她可以鼓起勇气摆脱焦虑困扰。对她来说，信任也许意味着即使她感到害怕，也要选择勇敢，相信一切自有天意。

焦虑会模糊人的记忆。因此，焦虑不仅会影响你的孩子的大脑，也会影响她的心灵。你的孩子会很难记住她过去的勇敢表现，也很容易忘记她的信念。当然了，很多人也是如此。

2018年，我有幸参加了一次丛林会议，地点在亚马孙河边的巴西热带雨林中的一块小空地上。很多人坐了好几天的平底船或独木舟，专程来参加这次会议。发起会议的是我很喜欢的一个组织：正义与仁慈国际（Justice and Mercy International，JMI）。

在会议过程中，参会者听取了各种风格的演讲，并与JMI的一个小组分享了自己村庄的需求，还讨论了JMI该如何向他们提供帮助。我被他们的故事和信仰打动了，同时我也很震惊，因为他们中的很多人都提到了家乡居民罹患抑郁症的情况，但没有一个人提及焦虑症。

有人讲到水灾对村庄的侵袭：住在河边时，他们的房屋常常被冲毁，使他们居无定所，食物匮乏。

一对夫妇对我们说，他们坐了整整5天的船才来到这里，留下4个孩子在家里：最小的5岁，最大的20岁。丈夫说："我们想要学习如何更好地照顾教区的信徒和村民，所以不得不把孩子留在家里。没有其他家人可以帮忙，家里也没有食物。"说到这里，他的妻子小声地打断了他，说道："但我相信，在我们离家以后，他们一定能照顾好自己。"她的信念十分坚定，令人动容。

在美国，很多人都没有感受过这种程度的信任，因为他们没有这样的需求。我认为，这对夫妇之所以不焦虑，是因为他们对孩子拥有深厚的信任。而很多人之所以常常感到焦虑，是因为缺乏信任。

当你的孩子忘记了自己过去的勇敢表现时，你要及时提醒她，并让她坚定信念。而且，你要相信她，并和她一起用耐心和热情来改变生活。

那么，你该如何帮助你的孩子建立信任呢？可以参考以下几种方法：

- 家庭成员之间要互相信任、互相支持。
- 讲述关于信任的故事。
- 阅读关于信任的书籍或唱关于信任的歌曲。
- 在日常谈话中时常提及信任。
- 当感到焦虑并需要他人的信任时，要示范如何信任他人。

基石2：等待

我近日读到了一首诗，诗的第一句话提到了"慢工"。你认同"慢工"吗？说实话，"慢"很多时候妨碍了我的信任。我的朋友丹尼打过一个比方，假设我们的生活节奏是每小时做10件事，那么"慢工"的节奏似乎是每小时只做1件事。无论做的是什么事，都需要花很长的时间。在做的过程中，你会体会到更多的细节。

而要做到这一点，就需要有耐心，它能让我们慢下来，并报之以信任。相反，焦虑则会让一切提速。例如，在交感神经系统的作用下，我们的身体会进入"高速档"：大脑快速运转，思维异常活跃。在这个过程中，我们无法再坚定信心或保持信任。我们不会再问"假如……该怎么办"等问题，而是问"为什么事情还没有……"，而答案往往是，事情并不在我们的设想范围内，我们需要等待[①]。

等待包含了时间的推移

你的孩子在对抗焦虑困扰时需要耐心。她在发出自己的声音以及锻造自己的勇气时都需要时间。前文关于暴露疗法的章节中曾提到，让你的孩子在导致焦虑的场景中坚持15～20分钟，直到她最初的恐惧消解。在这些时刻，她需要保持一定的耐心，但同时，她也需要更大意义上的耐心。对抗忧虑困扰的过程就像在黑暗中等待黎明的太阳升起。

作为父母，你可能已经意识到这个过程很漫长，你想让你的孩子好受些，使她不被焦虑所困，这也是她所希望的，而且她一定能做到。在能力增长的同时保持耐心，是你的孩子在学习坚定信心的意义时最重要的课程之一。

[①] Wait（等待）一词在希伯来语中有很多含义，比如"结合在一起""耐心地看""逗留""希望、期待、热切地注视""休息""保持静止""接纳""接收"。

第 8 章
让孩子内心强大的 4 个基石

等待包含了自信的期待

就像太阳总是照常升起，忧虑和焦虑终将消失。而在等待太阳升起的过程中，人的内心会有自信的期待。你的孩子现在也许感受不到这种自信，因为她还没有足够的生活经历。因此，你要带她到达山顶守望，提醒她黎明终将破晓，并告诉她，她听到的声音不是入侵者的响动，而是蟋蟀的叫声。你要陪在她身边，和她一起极目凝视，探寻黎明的第一缕曙光。漫漫长夜，在她等待的同时，你要陪伴她、帮助她。在这个过程中，她的内心会变得越来越强大。

等待带来成长

因为我是 A 型人格，A 型人格的人会主动推动事情的发生，而不是被动地等待，所以我没有太大的耐心，等待对我来说很难。正因如此，我反而特别重视等待的过程，因为等待会让人变得强大。

人在感到忧虑时，只会考虑当下，并希望立刻得到舒适感和安全感。而事实上，人只要等待，好事就会发生。你和你的孩子在等待的同时会变得强大。只要她有耐心，她的能力就会提高，她将变得更勇敢、更坚强、更聪明。但是，她可能不知道这一切正在发生，而只听到忧虑怪兽仍在嘶吼。她还在继续战斗，还没有获得成功，她需要你的帮助和提醒。你们可以一起做下面的事情：

一起培育一种植物。可以是一棵树，也可以是一棵球根花卉。和她一起观察它的成长，每天聊一聊。提醒她种子正在生长，未来它将破土而出，并逐渐绽放盎然的绿意。

经常和她聊一聊她的成长。告诉她，她身上发生的变化，并问问她自己的感受如何。

帮她安排一些值得期待的事情。我认识的一个小女孩曾对我说，等她到了 12 岁，她就可以化妆了。你的孩子在等待什么呢？等待可以锻炼她的耐心，并让她知道，美好的事情会在等待中发生。

做一次驾驶实验。快速驶过一条安静无人的街道，然后问问她看到了什么；再以慢速重新来一遍，再问问她有没有看到很多之前不曾留意的事物。和她聊一聊，慢下来可以让她在生活中看到更多事物。

聊一聊你和她分别在等待和期盼什么。

基石 3：平和

在研究忧虑问题的过程中，我读到过一种理论，即父母在孩子的生活中扮演"不焦虑的存在"角色是很重要的。那么，如何扮演这种角色呢？以下是威廉·斯蒂克斯洛德和奈德·约翰逊的一些建议：

- 为人父母的首要任务是欣赏自己的孩子，享受和孩子的相处过程。
- 不要害怕未来。
- 努力做好自己的压力管理。
- 与自己最深的恐惧和平相处。

- 对孩子采取不带偏见的接纳态度。

以上每条建议都很好且都很重要，但是，如果没有坚定的信念，人就无法做到。如果没有信任，人如何与自己最深的恐惧和平相处，以及如何避免对未来的担忧呢？

戴维·克拉克和阿伦·贝克曾说："被焦虑困扰的人认为，防止最坏的情况发生的最佳方法就是掌控一切。"而研究忧虑问题的专家则认为，最佳防御措施是接纳。你如何才能帮助你的孩子，并改变你自己，从而放弃对她的控制，而予以接纳？在我看来，答案就是第3块基石：平和。

你可以与自己最深的恐惧和平相处，也可以帮助你的孩子与她的恐惧和平相处，具体可参见本书第2部分的内容。不过，唯有坚定的信念才能让这一切成为可能：从信任和耐心开始，然后祈求平和，终将获得平和。在你的孩子面临苦恼，而你作为"不焦虑的存在"给予她信任时，你们将感受到平和。以下练习有助于你们获得平和：

练习让自己变得平和。 在举办养育儿童的家长研讨会时，我的朋友戴维·托马斯谈到，对男孩来说，拥有一个平衡的空间很重要。据他判断，由于男孩的情绪较为激烈，所以他们需要一个物理空间，以便以建设性的方式释放情绪。其实，有些女孩的情绪也较为激烈，她们也需要类似的空间，并通过画画或写日记的方式来处理自己的情绪。我最喜欢的方法之一，就是让她们通过踩气泡包装纸来发泄情绪。其实，每个人都需要合适的空间来练习应对愤怒和焦虑的技巧，以帮助自己恢复平静。找我咨询的一个小女孩把她的空间称作"平和空间"。每个人都需要类似的空间，当感到忧虑、失去平和时，可以在这个空间中练习恢复平和。

经常和你的孩子讨论如何保持平和。你们可以讨论做哪些改变，可以放弃哪些东西，放弃之后你们的生活又将会有哪些改变等。和你的孩子一起练习吧，并互相提问和反馈。

创造安静的环境。和自己信任的人静静地坐在一起祈祷或聊天，这是我认为最能给我带来平和的事。这也许和我性格内向有关，我认为成年人失去了孩子那种天然的安宁与平和，而平和常常始于沉默的思考。想要鼓励你的孩子感受安静，你就要陪着她一起待在安静的环境里。你可以和你的孩子在周日下午，花一小时坐在户外或阳台上读书，时而抬头欣赏天空中的云卷云舒。放下手机，远离电脑，避开俗世杂音，安静地享受平和。你要特意创造这样的环境，并和你的孩子一起练习。

调整呼吸。当你的孩子的大脑被杏仁核控制时，提醒她要调整呼吸，这一点非常重要。而当她的大脑能正常运转时，也要提醒她专门进行呼吸练习。规律的呼吸有助于对过于敏感的杏仁核进行重置，使它镇静下来，同时减缓交感神经系统的运转速度。总的来说，调整呼吸能让你的孩子平缓下来，恢复判断力，并变得更加平和，这样一来，她的内心也会受益。

基石4：感恩

大量研究显示，拥有感恩的心态有益身心。埃米·莫林（Amy Morin）是一名心理诊疗师兼作家，她查阅多项研究，总结出了感恩的几种重要作用：

- 为建立广阔的人际关系创造条件。即使简单地对新朋友说声"谢

第 8 章
让孩子内心强大的 4 个基石

谢",都有可能让对方更愿意与你建立友谊。

- 有利于改善身体健康状况。心怀感恩的人很少声称自己感觉身体疼痛,他们常表示自己的身体状态良好。
- 强化心理健康。感恩的心态能减少消极情绪,如遗憾、沮丧、嫉妒以及厌恶。研究发现,感恩让人更加快乐,还能降低患抑郁症的可能性。
- 让人的共情能力提高、攻击性降低。
- 让人拥有更好的睡眠习惯。
- 提升人的自信心。
- 让人在心理上更加坚强,且有利于克服创伤。

此外,塔玛·琼斯基曾写到,感恩的心态可以助人减轻焦虑、纾解压力。在生理、心理、精神以及人际关系等方面,感恩的心态有利于所有人。

几年前,一位朋友对我说了一句令我终身难忘的话:"恶魔无法在怀有感恩的心中存活。"这句话成为我们在霍普敦的夜间活动中常用的开场词。我要补充的是,当人心怀感恩时,焦虑也就无法延续了,这类似于两种竞争关系的需求无法共存,正如焦虑和放松无法同时存在。当人心怀感恩时,就不会再感到焦虑了。

一周前,在纳什维尔,我认识了一名高中女生,她是一名极具天赋的唱作人。在我们的聊天中,她提到自己在创作每一首歌曲时,都会使用一个源自希伯来语的词汇"WOW"。这个词出现在很多赞美诗的结尾,主要起连接递进的作用。这名女生说,她在音乐中采用了赞美诗的结构,每一段都始于充满悲伤和哀叹的音调,再通过"WOW"转换升华为充满感恩和希望的音调。我当即请她向同一咨询小组的孩子分享了"WOW"的作用，我自己也会经常在日常生活中运用。

在当晚的咨询小组会上，这名女生深刻地分享了她的生活，并演唱了一首歌。后来，所有女孩一起讨论了她们的难过、伤心和忧虑等情绪。每个人的发言都以"WOW"的转折结尾，以表达她们在被这些消极情绪困扰时仍怀有感恩。正如前文提到，恶魔无法在怀有感恩的心中存活，而感恩驱散了女孩们的焦虑困扰。你和你的孩子可以这样做：

写下你们自己的赞美诗。让每个家庭成员都写一首赞美诗，写下他们此时此刻感受到的所有忧虑或悲伤情绪，以"WOW"结束。然后，让他们分享至少一件令他们心怀感恩的事及其原因。

写感恩日志。全家人都可以参与，每周写几篇，每人写下 10 件令自己心怀感恩的事情，然后定期互相分享。

准备一个"感恩储存罐"。把它放在厨房或客厅等场所，并备上纸和笔。你和你的孩子可以随时写下令你们心怀感恩的事情，不用留名。一段时间后，在晚餐时取出来读给家人听。

让所有家庭成员在各自的手机上设置一个感恩相册。我的朋友戴维·托马斯在为进入青春期的男孩提供心理咨询时，首先使用了这种方法。如果你的孩子年龄较小，可以让她在笔记本上制作，并让她在感恩相册中贴上自己所爱的人和事物的照片。当你的孩子感到痛苦时，这些照片可以给她带来安慰和愉悦。当她开始忧虑时，她可以打开感恩相册、翻阅照片，让自己的大脑从令人忧虑的事物上转移开，并重拾感恩之心。

第 8 章
让孩子内心强大的 4 个基石

你可能会感到焦虑，你的孩子可能也会感到忧虑。世人皆苦，但希望长存。每件事都会有另人惊喜的转折。在被焦虑困扰时，你们要坚定信念：始于信任，培养耐心，归于平和，终于感恩。这就是内心的坚定。人的心不是铁石所铸，而是血肉造就，充满了希望和勇气。

有时，当找我咨询的女孩感到焦虑时，我会让她们选择一首"战歌"。在奔赴生日聚会的途中、在参加考试的前夜或在做其他令她们感到焦虑的事情之前，她们都可以听这首歌。有人选的是萨拉·巴莱勒斯（Sara Bareilles）的《勇敢》(Brave)，有人选择的是凯蒂·佩里（Katy Perry）的《咆哮》(Roar)，还有的人选择的是我最喜欢的曼迪莎·琳恩·亨德利（Mandisa Lynn Hundley）的《征服者》(Overcomer)。

在本章中，我讨论了如何征服忧虑怪兽。在这个过程中，你需要告诉你的孩子真相。在我着手写本章时，我问了几个高中女生，她们通过哪些事情最能感受到自己的勇敢，她们的回答分别如下：

> 当我爱的人提醒我，我做过的好事时。
> 当我走出舒适区，参与更多事情时。
> 当我和让我感觉良好的人在一起时，比如我的家人。
> 当我进行了大胆的尝试时，比如试演了一出戏。
> 当我与父母进行精神交流时。
> 当有人提醒我，事情不会一直这么糟糕时。
> 当我意识到自己不必一直保持完美，于是做出尝试时。
> 当我意识到自己不必为某件事情自责时。
> 当我挑战让我感到担心的事情时。
> 当爱我的人提醒我我能行时。

当家人和朋友看到我的努力时。

当父母对我说我做得不错时。

当父母倾听我的感受并试着理解我时。

她们的回答很多都与父母有关,她们尤其希望父母能倾听和鼓励她们,并提醒她们别忘了真实的自我。如下所述,这才是你的孩子真实的样子:

- 她很勇敢,因为生活赋予了她勇气。
- 她很强大,因为生活赋予了她力量。
- 她很聪明,因为生活赋予了她智慧。
- 她被他人深深地爱着,被你深深地爱着,也被这个世界深深地爱着。
- 她可以安然地相信命运的安排。

第 7 章曾提到过梅丽莎说的一句话:"我不知道是谁告诉你们生活不会太艰难的。"实际上,她当时在霍普敦所做的那段演讲是我喜欢的一段,你可以把它分享给你的孩子。

梅丽莎后来又对孩子们说道:"你们一定会经历痛苦。你们每个人都同时拥有光明的一面和阴暗的一面,内在的你们和外在的你们会同时存在。但我敢保证,你们终将获得安全感,你们终将获得属于自己的胜利,并享受欢乐、胜利和荣耀。"

痛苦暂存,承诺永在。我们依靠着这样的信念活在困苦的世间。这就是为什么我们要坚定自己的心,也只有这样,我们才能常怀希望。你的孩子也一样,她会有自己的苦恼,但她终将克服它们。美国作家安·拉莫特(Anne

Lamott）曾说："你可能曾听说，你不可能同时拥有信念和恐惧，但其实你可以。我自己就是一个例子。我倾向于认为，勇气是面对恐惧时发出的祈祷。"而我想说，勇气不只是你在面对恐惧时发出的祈祷，还是你对祈祷已得到回应的信心，虽然你现在可能还不知道答案是什么。

我为很多人接收的关于焦虑的信息感到担忧。戴维·克拉克和阿伦·贝克曾表示："焦虑的问题在于它总是关乎未来，而没有人可以预知未来。所以，对安全感和确定性的追求都是徒劳的。"但我认为，安全感和确定性来自生活，而未来取决于自己。

去年夏天，我们与一群五六年级的孩子讨论了自信的问题，结果发现，几乎每个人都不太自信。梅丽莎想到了一句经典的话："自己以为站得稳的，须要谨慎，免得跌倒。"因此，自信虽然重要，但不要自以为是。

在你的孩子对抗忧虑怪兽时，你要帮助她相信自己。焦虑无法定义她的能力，也撼动不了她的内心，她可以练习使用各种方法来打败它。你要坚定信念，和她站在同一条战线上。承诺永在，希望长存。你的孩子一定可以摆脱忧虑与焦虑，你也可以。

更好地了解焦虑

1. 在困苦之中，需要坚定信念，发挥胆识，相信自己并勇敢面对。有助于坚定信念的 4 大基石分别是：信任、耐心、平和与感恩。

2. 信任是忧虑的解药。人会从阅历中学会信任。当你的孩子忘记了她过去的勇敢表现时,她就失去了对自己的信任。因此你要记住并及时提醒她。当她相信自己时,就不会感到焦虑了。

3. 当人耐心地等待时,人的身体、大脑和心灵都会慢下来,可以更好地体会生活、保持信任。

4. 等待需要时间,且离不开自信的期待,它能促使人成长。好事多磨,值得等待。

5. 学会放弃控制一切,并学会接纳一切,在这个过程中,你和你的孩子都能收获平和。平和的心态需要练习。

6. 感恩的心态对身体、大脑和心灵都有益处,还能减轻焦虑困扰。

7. 忧虑怪兽无法在怀有感恩的心中存活。

8. 始于信任,培养耐心,归于平和,终于感恩,至此,你和你的孩子将懂得坚定信念的意义。

9. 如果女孩们所爱的人可以提醒她们,并帮助她们发掘真实的自我,她们会感到勇气倍增。

10. 相信你的孩子注定会征服忧虑怪兽。

11. 要让你的孩子相信她是勇敢、聪明而坚强的,并且她被深深地爱着。

12. 让你的孩子安然地信任生活的安排。痛苦暂存,承诺永在。

13. 勇气是人在面对恐惧时发出的祈祷,并相信祈祷已得到了回应。

14. 忧虑怪兽终将被征服。希望长存。

第 8 章
让孩子内心强大的 4 个基石

RAISING WORRY-FREE GIRLS
更好地了解自己和孩子

- 你希望信念能对你的焦虑困扰产生什么样的作用？对你的孩子呢？现在，你的信念在发挥什么样的作用？
- 你在孩子的生活中见证过信念的意义吗？她有没有体会到信念的意义？
- 你正在期盼发生什么事情？对哪些人或事物的等待使你变得更有耐心了？
- 你的孩子在等待的过程中有怎样的成长？你是如何发现的？
- 你最近一次在家里感受到平和是什么时刻？你的孩子呢？如果你们能在日常生活中拥有更多平和的时刻，会产生什么样的效果？
- 感恩的心态给你的生活带来了哪些影响？你是如何留意到的？你的孩子呢？你和她现在分别觉得感恩的 5 件事各是什么？
- 在生活中，当面对困苦时，你们是如何坚定信心的？
- 你想告诉你的孩子哪些成人世界里的真相？你希望如何鼓励她？
- 你希望她怀有哪些信念？
- 你会如何提醒她，忧虑怪兽注定会被征服？
- 你们如何在生活中提升信念感？

RAISING
WORRY-FREE
GIRLS

附录 1

焦虑症的类型

以下是儿童和青少年常出现的几种焦虑症类型。值得一提的是，正如塔玛·琼斯基指出的："大量研究表明，大多数焦虑儿童同时患有不止一种焦虑症。"因此，你可能会发现，你的孩子的焦虑情况同时符合以下多种焦虑症的描述。但需要注意的是，儿童病情的确诊并不只基于其表现出的症状，还需要考虑症状的持续时间、影响范围以及破坏性程度。

如果你的孩子的家庭生活、校园生活或人际关系受到了以下情形的消极影响，建议你向精神健康专业人士咨询，尤其是在你和你的孩子尝试了本书中介绍的方法以后，仍然无法减轻你的孩子的焦虑困扰时。

广泛性焦虑症。孩子的忧虑持续循环发生,且并非由特别的事件或场景引发。随着孩子的成长,其忧虑与多种主题相关,可以由任何事物引发,比如危险或风暴的来临、学习成绩好坏、别人的评价、是否准点守时等。患有广泛性焦虑症的孩子常常把自己的处境灾难化,他们在生活中时刻都有焦虑意识,且倾向于逃避风险,在解决问题的过程中会痛苦纠结、追求完美。从本质上讲,他们因为忧虑而焦虑,厌恶一切不确定性。被诊断为广泛性焦虑症的孩子在谈及过去、现在和将来时会担惊受怕。他们常出现的症状包括注意力不集中、睡眠不良、烦躁、易怒、易疲倦、肌肉紧张等。

强迫症。在美国,有 100 万名儿童受强迫症的困扰。强迫症的两个主要特点分别是强迫思维与强迫行为。强迫思维包括萦绕不去的想法、冲动或脑中影像,它们难以抑制且会给人带来极大的压力。强迫思维往往与日常生活事件无关。强迫行为是指孩子为了减轻压力、获得松弛感与自信而发展出的行为,包括多次检查自己的发型或作业、轮流轻拍自己的身体两侧、反复洗手、数数或向人道歉等。睡前仪式也可能是孩子强迫行为的一部分,比如按特定的顺序安排活动或要求父母必须在他们睡前说一句特定的话。患有强迫症的孩子可能会过度关注某些问题,比如他们认为好或坏的数字、想法或病菌。他们往往表现得惹人喜爱并取得了一定的成果,他们在家庭之外的环境中通常可以控制自己的强迫行为。

对于强迫症患者,及早介入尤为重要。暴露疗法是治疗强迫症最有效的方法之一,可参见本书第 6 章的相关内容。和其他多种焦虑症不一样的是,强迫症的问题并非出在杏仁核,而是出在尾状核。尾状核是大脑的"过滤中心",可以根据重要性和合适程度对人的想法进行分类。无法正常工作的尾状核会把所有信息都列为最高优先级。塔玛·琼斯基写到,约 1/3 的强迫症患者的病因是伴有链球菌感染的小儿自身免疫性神经精神障碍,又被称为

附录 1
焦虑症的类型

"熊猫病",通常会在一夜之间发生。如果你的孩子感染链球菌后一夜之间出现了强迫症症状,要立即找儿科医生咨询。

惊恐障碍。当惊恐发作出现时,杏仁核持续保持运转状态,其特点是短时间内突发的强烈焦虑状态,且没有任何征兆。惊恐障碍的孩子的症状类似于惊慌失措:出汗、呼吸困难,感觉身旁的事物都在迫近自己,感觉自己已经游离于身体之外。惊恐障碍一般会持续 5～20 分钟,此后,孩子通常会不停地担心下一次发作会在什么时候、如何发作,他们会耗费大量的时间和精力试图避免下一次发作。这会导致他们对任何看起来像惊恐障碍的症候都高度关注,并认为自己在某种处境下会呕吐甚至死亡。尽管惊恐障碍患者,尤其是孩子常常感觉自己会无缘无故地惊恐发作,但其实当他们处于某种场景时,往往会引发他们惊恐发作。治疗惊恐障碍的第一步就是帮助患者识别诱因,然后督促他们马上开始练习深呼吸和正念,以便把忧虑症状控制住。

创伤后应激障碍。该病症往往是杏仁核过度兴奋的结果。患有创伤后应激障碍的孩子会重复体验威胁生命的创伤事件,或对某种事件产生类似的感知。这会导致他们感到恐惧无助或激动不安。创伤后应激障碍的症状包括退缩行为,比如像婴儿一样说话、依恋成年人,或类似于注意缺陷多动障碍患者的行为,比如易怒或行为出格。患有创伤后应激障碍的孩子同时还会保持高度戒备,睡不安稳,且头脑中常常闪回创伤事件。父母的回应会决定创伤对孩子产生哪些影响。因此,要把孩子的感受正常化,及时回应他们,并为他们创造安全的环境,尽可能安排可预测的日程。

选择性缄默症。患有选择性缄默症的孩子在特定的场景或场所中无法说话。通常,他们在走出家门后一个字都说不出来,在家里却可以自由地与人交谈。一些患病孩子的兄弟姐妹表示,他们在家很健谈,似乎能把他们在外没说出口的话全说出来。很多父母在家长会上才发现，自己的孩子在学校不说话。实际上，美国大多数患有选择性缄默症的孩子从 5 岁左右开始出现症状，而 5 岁通常是入读小学的时间。如果你的孩子患有选择性缄默症，要特别注意不要给她太大的压力，要为她设置一个激励体系，鼓励她在离家后多说话。

分离焦虑障碍。患有分离焦虑障碍的孩子对离开父母一方或双方会感到极度忧虑，担心父母不在他们身边时会受伤甚至死亡。分离焦虑障碍最常发生在学龄前，但也会发生在学龄儿童甚至经历过创伤的青少年身上。与父母分离对孩子来说是有益的，他们都需要学着自我安抚、应对不良心情。针对患有分离焦虑障碍的孩子，短时间的分离训练非常重要，还可以让父母用游戏的方式假装与孩子分离。此外，还可以通过暴露疗法，尝试让孩子感受更长时间、更远距离的与父母的分离。

社交恐惧症。也被称作"社恐"。不同于一般的害羞，社交恐惧症会让人对社交场合产生无奈的恐惧。在美国，约 5% 的儿童受到了社交恐惧症的影响，他们害怕在成年人和同伴面前出丑，这不仅会影响他们的社交生活，还会影响他们的学习生活。他们不愿意在课堂上举手发言，不愿意与成年人或其他权威人物互动。由于焦虑驱动着他们的杏仁核，扭曲着他们的认知，很多患有社交恐惧症的孩子会做出伤害自己的行为，而且他们会不断地审视自己，并消极地理解别人的反馈。由此一来，他们的行为模式会强化社交恐惧症症状：一方面，他们会逃避可能产生尴尬但同时会加强社交纽带的场合；另一方面，他们会把注意力过度集中在自己身上，并对自己产生伤害。患有社交恐惧症的孩子需要从细节逐步开始练习：与他人进行眼神接触、尝试在餐厅点餐、对人微笑、向老师汇报周末遇到的事等。角色扮演对他们来说也是一种很有效且影响很深的方法。

附录 1
焦虑症的类型

特定恐惧症。病如其名,该病与某种特定的场景、事件或事物有关。患有特定恐惧症的孩子在一般情况下表现良好,而当他们遇到令他们恐惧的特定事物时,他们会表现失常。他们意识不到自己的恐惧是非理性的,需要通过正念和暴露疗法来克服恐惧。常见的特定恐惧症包括对呕吐、乘坐飞机、昆虫、黑暗或身处高处的恐惧。

拔毛症、抽动障碍与图雷特综合征。三者是互相关联的,常与焦虑症同时发生。拔毛症指的是难以控制的拔除毛发的行为。很多孩子会反复拔掉头皮某一区域的头发,或拔掉眉毛、睫毛。他们表示,在拔毛之前,他们感觉不适,只有在拔除毛发后,不适感才会消失。

抽动障碍与图雷特综合征相关,在诊断初期往往被认为是神经性习惯。患有抽动障碍的孩子会反复出现突然的肌肉抽动,比如眨眼、以某种方式动嘴巴或反复发出某种声音。抽动障碍也可以以动作或声音的形式产生。塔玛·琼斯基认为,约24%的儿童在发育阶段出现过某种动作上的抽动障碍,且大都程度轻微。

如果你向你的孩子指出后,她的抽动动作仍然无法停止,或抽动已经影响了她的日常生活,导致她对自己感到恼怒,最好向专业人士寻求帮助。针对抽动障碍,使用最广泛的疗法被称为习惯逆转训练(habit reversal training),比如让发出杂音的孩子练习进行更轻的吞咽或更深的呼吸。另外,让孩子知道她可以拥有一个自由的空间,在这个空间内,她的抽动不会受到评论和指责,这对她同样有帮助。如果孩子的抽动障碍在一夜之间突然出现,往往是由熊猫病引起的,需要先由儿科医生对孩子进行治疗。随着时间的推移,60%的抽动障碍患儿会逐渐变好,1%甚至更少的患儿最终会发展成长期的抽动障碍。如果你对你的孩子感到担心,那就不要以消极的态度关注她的抽动,首先应给予她充满关爱的回应,然后寻找帮助她逆转习惯的对策。

美国疾病控制预防中心的报告称,图雷特综合征患者会出现两种以上的动作抽动和至少一种声音上的抽动,不过,这些抽动症状不一定会同时发生。图雷特综合征患儿的症状会持续一年以上,他们表示,其身体出现抽动行为,是因为这会让他们感到安全。

注意缺陷和注意缺陷多动障碍。二者和焦虑症常常同时发生,它们的症状也非常类似,如不安、注意力分散、行为冲动、过度活跃以及经常躁动不安。不过,患有注意缺陷多动障碍的孩子之所以出现注意力分散,是因为他们常被自己感兴趣的事物吸引,而患有焦虑症的孩子分心是由恐惧的想法、循环的忧虑以及对危险和最坏可能的设想引起的。由于针对注意缺陷多动障碍的药物治疗常常会加剧焦虑症状,因此在让孩子接受药物治疗之前,咨询专业人士找到潜藏病因很有必要。

感觉加工障碍。患有该病的孩子的一个常见表现是,他们对衣服的标签或袜子的接缝感到非常不满,喜欢穿紧身裤和连衣裙,在选择衣物时常常陷入崩溃。对他们来说,食物的选择非常有限,因为他们一直坚持吃某种食物。很多患有感觉加工障碍的孩子表现出焦虑症状,这源于他们的感觉失调。对他们来说,各种触觉或感觉的外界刺激水平好像过高了,从而造成他们情绪失控。在诊治孩子的焦虑症之前,最好先让他们接受针对感觉失调的专业治疗。在帮助他们的大脑以更加统合协调的方式加工感觉信息后,他们的焦虑症状会有所减轻甚至彻底消失。

战胜睡前焦虑

当我问找我咨询的女孩们，她们在什么时候感到最焦虑时，我最常听到的回答是睡前。当女孩们躺在床上时，她们的思绪便开始了漫游。此时，忧虑怪兽乘虚而入，占据优势，展示其淫威。在思考过去和未来时，女孩们的思想跌宕起伏。想要帮助孩子更好地入眠，要完成以下两大任务，一是帮助孩子放松下来，二是帮助孩子的父母正确应对。

在我的心理咨询过程中，完成这两大任务都相当困难。很多孩子的父母往往因为疲惫而中途放弃，自己最终在孩子的房间里睡着了。当被忧虑怪兽攻击时，孩子的行为会变得失常，很容易把人累倒。因此，以下基本指导建议需要谨记：

- 让孩子自主入睡。所有的孩子都需要学习自我安抚。根据塔玛·琼斯基的研究数据，相比自主入睡的孩子，由父母陪伴入睡的孩子在夜间醒来的次数更多。

- 给孩子足够的时间逐渐停止思考。孩子在完成作业和参加完课外活动之后，需要让大脑平静下来。她们可以读书、绘画或听音乐，并通过一些活动帮助自己恢复平静，使大脑的运转在忙碌的一天后逐渐慢下来。

- 帮孩子做好面对夜间常见恐惧的准备。当孩子感到害怕时，她们可以做一些事情，比如读书或背诵诗歌。也可以通过第4章介绍的"3扇门"想象法来放松。当然了，她们还可以数羊、练习渐进式肌肉放松法或其他类型的正念。

- 维持好健康心智餐盘。孩子需要适当的运动和充足的营养，以便为良好的睡眠做好准备。

- 创造入睡的积极体验。不要把早睡当作对孩子的一种惩罚措施。如果她们毫无抱怨或毫不拖延地上床睡觉，或准备睡觉后没有再走出房间，第二天可以给她们一些奖励。

- 关注如何帮助孩子做好入睡准备，而不是她何时睡着。入睡是任何人都无法掌控的一种行为，限定入睡时间很容易给孩子带来压力。

- 让孩子在自己的床上睡觉。大多数专家提倡让孩子一直在自己的床上睡觉。在少数情况下，父母可以让孩子和自己一起睡。但如果孩子长期睡在别人的床上，就需要让她们重新回到自己的床上睡觉。可以给她们设置一个目标梯子，让她们慢慢地回到自己的床上睡觉，其间可给她们一些奖励。

- 如果孩子习惯于半夜起床，要让她们知道自己会在夜里主动去看她们，不需要她们起床来找你。如果她们夜里频繁起床到你的房间，可以允许她们提出要求，约定自己每晚去看她们的次数。慢慢地，你可以逐渐减少看她们的次数。

- 孩子的入睡时间尽量短而甜蜜。可以让她们读书、唱歌、练习正念等。因为入睡时间拖得越长，你和孩子就越难以分离。同时，要让孩子的每一次入睡时光都在愉快的交流中结束。你应该坐在孩子的床上，而不是躺在孩子的身边，这同样有助于缩短孩子的入睡时间。

- 为孩子布置良好的睡眠环境。把闹钟从孩子的房间拿走，同时把孩子房间里的手机和平板电脑等可以显示时间的设备移开。可以在孩子的房间安装低压照明灯，或使用某些植物精油，这也有助于为孩子营造适合入睡的氛围。

RAISING
WORRY-FREE
GIRLS

致　谢

感谢埃米·凯托（Amy Cato）和阿曼达·杨（Amanda Young），如果没有她们的智慧、务实、关爱和同情，我就不会清楚地知道自己所在何处、所言何物、去向何方。感谢她们总能把我引入正确的方向上来。

感谢杰夫·布朗（Jeff Braun）为我策划了这场"远离焦虑的旅行"，我相信他将改变很多人的生活，包括我的生活。

贾娜·芒辛格（Jana Muntsinger）的能力令人印象深刻，她不仅是一位公关高手，更能捍卫自己的事业和工作团队。我很荣幸能和她与帕梅拉·麦克卢尔（Pamela McClure）合作。

与考特妮·迪菲欧（Courtney DeFeo）、珍妮·康宁（Jeannie Cunnion）和伊丽莎白·哈斯尔贝克（Elisabeth Hasselbeck）的合作让我深受启发，我对她们心怀感激。

凯蒂·普伦基特（Katie Plunkett）在每一次绘制画作或海报、组织聚会、设计社交媒体展示图时，都发挥了很大的创造力并投入了巨大的热情，我对她表示诚挚的感谢。

佩斯·弗纳（Pace Verner）是本书最早的读者之一，一直在鼓励我。

我还要特别感谢我所在的咨询部的同事，我很荣幸和他们一起工作，从事这项给孩子及其家长带来希望的伟大事业。他们的工作非常了不起。他们分别是：

戴维·托马斯，没有人能像他一样，和我组成兄妹般的搭档。我喜欢和他一起参加教会活动，在生活中享受我们之间的友谊。

梅丽莎·切瓦特桑，感谢她多年来与我分享现实与希望，她不只是我的朋友，也是我的家人和邻居。没有她和戴维，创作本书的乐趣会大打折扣。

此外，我还要感谢凯瑟琳、阿伦和亨利，他们给我的生活带来了许多乐趣。

最后，感谢所有找我咨询的女孩们及其家人。我曾和他们一起散步、一起聊天，互相倾听，并最终帮女孩们战胜了焦虑困扰。他们充满了智慧、力量和勇气，我很荣幸能遇见他们。

未来，属于终身学习者

我们正在亲历前所未有的变革——互联网改变了信息传递的方式，指数级技术快速发展并颠覆商业世界，人工智能正在侵占越来越多的人类领地。

面对这些变化，我们需要问自己：未来需要什么样的人才？

答案是，成为终身学习者。终身学习意味着永不停歇地追求全面的知识结构、强大的逻辑思考能力和敏锐的感知力。这是一种能够在不断变化中随时重建、更新认知体系的能力。阅读，无疑是帮助我们提高这种能力的最佳途径。

在充满不确定性的时代，答案并不总是简单地出现在书本之中。"读万卷书"不仅要亲自阅读、广泛阅读，也需要我们深入探索好书的内部世界，让知识不再局限于书本之中。

湛庐阅读 App: 与最聪明的人共同进化

我们现在推出全新的湛庐阅读 App，它将成为您在书本之外，践行终身学习的场所。

- 不用考虑"读什么"。这里汇集了湛庐所有纸质书、电子书、有声书和各种阅读服务。
- 可以学习"怎么读"。我们提供包括课程、精读班和讲书在内的全方位阅读解决方案。
- 谁来领读？您能最先了解到作者、译者、专家等大咖的前沿洞见，他们是高质量思想的源泉。
- 与谁共读？您将加入优秀的读者和终身学习者的行列，他们对阅读和学习具有持久的热情和源源不断的动力。

在湛庐阅读 App 首页，编辑为您精选了经典书目和优质音视频内容，每天早、中、晚更新，满足您不间断的阅读需求。

【特别专题】【主题书单】【人物特写】等原创专栏，提供专业、深度的解读和选书参考，回应社会议题，是您了解湛庐近千位重要作者思想的独家渠道。

在每本图书的详情页，您将通过深度导读栏目【专家视点】【深度访谈】和【书评】读懂、读透一本好书。

通过这个不设限的学习平台，您在任何时间、任何地点都能获得有价值的思想，并通过阅读实现终身学习。我们邀您共建一个与最聪明的人共同进化的社区，使其成为先进思想交汇的聚集地，这正是我们的使命和价值所在。

CHEERS

湛庐阅读 App
使用指南

读什么
- 纸质书
- 电子书
- 有声书

怎么读
- 课程
- 精读班
- 讲书
- 测一测
- 参考文献
- 图片资料

与谁共读
- 主题书单
- 特别专题
- 人物特写
- 日更专栏
- 编辑推荐

谁来领读
- 专家视点
- 深度访谈
- 书评
- 精彩视频

HERE COMES EVERYBODY

下载湛庐阅读 App
一站获取阅读服务

Raising Worry-Free Girls by Helen Goff

Copyright © 2019 by Helen Goff

Originally published in English under the title Raising Worry-Free Girls by Bethany House, a division of Baker Publishing Group, Grand Rapids, Michigan, 49516, U.S.A.

All rights reserved.

本书中文简体字版经授权在中华人民共和国境内独家出版发行。未经出版者书面许可，不得以任何方式抄袭、复制或节录本书中的任何部分。

版权所有，侵权必究。

图书在版编目（CIP）数据

养出不焦虑的女孩 /（美）赛西·高夫（Sissy Goff）著；李悦菲译. -- 杭州：浙江教育出版社，2024.3
ISBN 978-7-5722-6813-7

Ⅰ.①养… Ⅱ.①赛… ②李… Ⅲ.①儿童－情绪－自我控制 Ⅳ.①B844.1

中国国家版本馆CIP数据核字(2024)第054656号

浙江省版权局
著作权合同登记号
图字：11-2023-475号

上架指导：性别养育/家庭教育

版权所有，侵权必究
本书法律顾问　北京市盈科律师事务所　崔爽律师

养出不焦虑的女孩
YANGCHU BUJIAOLV DE NVHAI

[美]赛西·高夫（Sissy Goff）著
李悦菲　译

| 责任编辑：胡凯莉 |
| 美术编辑：韩　波 |
| 责任校对：刘姗姗 |
| 责任印务：陈　沁 |
| 封面设计：ablackcover.com |

出版发行　浙江教育出版社（杭州市天目山路40号）
印　　刷　石家庄继文印刷有限公司
开　　本　710mm×965mm 1/16
印　　张　14.75　　　　　　　　字　数：199千字
版　　次　2024年3月第1版　　　印　次：2024年3月第1次印刷
书　　号　ISBN 978-7-5722-6813-7　定　价：89.90元

如发现印装质量问题，影响阅读，请致电 010-56676359 联系调换。